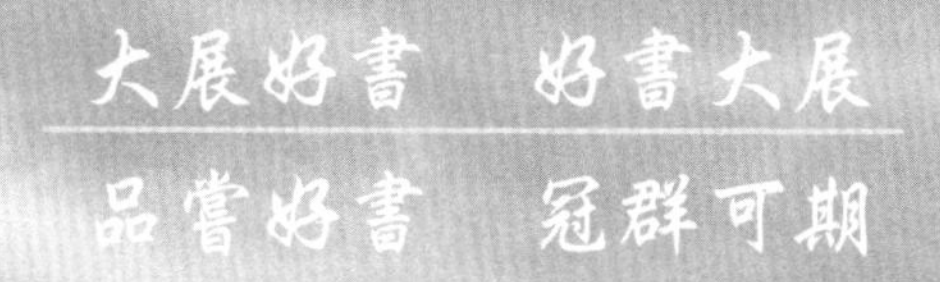
大展好書　好書大展
品嘗好書　冠群可期

熱門新知 1

圖解基因與DNA

中原英臣／主編
久我勝利／著
劉 小 惠／譯

品 冠 文 化 出 版 社

前言

一九九六年三月，日本通產省諮詢機構「DNA產業懇談會」發表預測數據，認為現在一兆日圓規模的DNA產業，到了二〇一〇年時將會擴大為十兆日圓的領先產業。

這種說法絕不誇張，因為在社會上經常看到「基因治療」、「複製技術」、「基因重組食品」等資訊。

我們所說的DNA的研究範圍十分廣泛，包括遺傳學、分子生物學、發生學、進化論等。而應用DNA的DNA產業，現在也已經進入各種範圍內。

但是，目前關於基因的資訊卻過於氾濫、混亂。最近解說基因的書籍增加了，但卻仍是屬於片斷的、專門的知識，門外漢很難掌握全貌。

當我有這個想法時，正好本書的主編邀請我寫書。筆者希望能夠為一般社會人士，解說關於生命科學的基本常識，因而整理資訊洪流，對於想要快樂學習有系統的知識的人，企劃出這趟「基因之旅」。

人類從幾千年前開始就以「品種改良」的方式操作基因，支撐了農業及畜牧（第一次產業）。到了一九七〇年代，生物科技有了爆發性的進步，DNA產業一下子就邁入工業化（第二次產業）。而現在，DNA產業則成為第三次產業資訊服務產業的重要「資源」，備受重視。

我曾經利用某種細菌進行過就算是吃汞也沒問題的研究，發現這個細菌具有使汞無力化的基因，於是一頭鑽進DNA的研究當中，愈了解就愈感到興奮。

現在基因或DNA等字眼備受矚目，隨之也衍生了很多的誤解和偏見。

例如，你知道「自私基因」的理論嗎？

簡單的說，就是包括人類在內的所有生物，都是藉著基因控制行動。只有巧妙控制成功的基因才能夠戰勝「自然淘汰」，繼續增殖。換言之，「生物只不過是基因的交通工具罷了」。

然而將這個駭人聽聞的說法介紹給一般大眾時，有的人卻會說：「我會風流是因為基因的緣故，沒辦法。」草率的提出「基因絕對論」。

但是，在上個世紀達爾文所提出的「自然淘汰」理論，現在已有不少學者質疑，隨著DNA研究的進步，陸續提出了一些光靠自然淘汰無法說明的現象。原本以自然淘汰為大前提的自私基因說，只不過是與進化論有關的頗耐人尋味的一個「假設」罷了。

確實的說法是，對人類而言，基因是超乎我們想像的重要「資源」。探索基因的機能，可以了解到「我們自己是什麼」。人只不過是由人類所有DNA的機能加起來而形成的，那麼，有沒有比人更高級的生物呢？這的確是頗耐人尋味的想法。

在PART1裡，將為各位說明DNA究竟是什麼，解說應該了解的最低限度的基本常識。

PART2，則說明基因在體內如何作用，明白近來年終於開始了解的精妙且充滿活力的構造。

PART3，乃是談論我們身邊的問題，確認我們究竟被基因支配到何種程度。

PART4，是介紹圍繞著三十六億年的生命進化史及進化論的有趣爭論。

PART5，則觸及大傳媒體經常報導的生物科技的最尖端知識。

為了讓各位掌握全貌，除了重視正確性之外，有時也會使用一些大膽的表現方式。將內容整理成大家都能夠了解而且能夠快樂學習的書籍。對於耐心琢磨整個內容的久我勝利先生的努力，在此深表謝意。

生命誕生的系統真是令人咋舌。希望藉著本書能夠讓更多人接觸到其一鱗半爪，這是我最大的喜悅。

中原　英臣

目錄

基因在體內做什麼？

基因的開關控制使受精卵成長為成人的神奇系統

PART 3 目前已知的遺傳構造

基因支配我們的行動與性格到何種程度？

了解生命的起源與進化論

是否真的有自然淘汰——關於進化的大爭論

生物科技的最尖端技術

生物食品或基因治療、複製技術已經進步到什麼地步?

基因、ＤＮＡ的真相

了解關於基因的熱門話題及其神奇構造

★基因和ＤＮＡ是相同的東西嗎？
★ＤＮＡ在身體的哪個地方？
★ＤＮＡ是何種物質？
★ＲＮＡ和ＤＮＡ有何不同？
★何謂ＤＮＡ複製的構造？
★突變是如何發生的？
★世紀的大計畫・複製人計畫

1 基因和DNA是相同的東西嗎？

不滅物質・DNA的一部分是基因的真相！

◆我們分別承襲來自父母的一半的DNA

「自己是從哪裡來的？」「到底爲什麼生下來呢？」不論是誰都會有這些疑問。而這些問題的答案是什麼呢？

人類一生的時間有限，但是，我們體內卻有即使我們死亡也不會滅亡的東西，那就是**DNA**（去氧核糖核酸）化學物質。

這個DNA來自於父母，一半來自於父親，一半來自於母親。祖先傳承下來的DNA反覆複製傳給子孫，即使A先生（小姐）已不在世上，但只要留下了子孫，則A的DNA的一半還是會直接複製傳承下來。

◆DNA是生命的設計圖（程式）

在此先確認一些基本事項。

DNA是生命的設計圖。就人而言，眼睛的顏色、鼻子的形狀、皮膚的顏色……所有資料都會先輸入程式中。這個程式是從父母傳給子女的，所以DNA也稱爲*基因。

＊基因

在生物從父母遺傳而來的所有資料當中，對應眼睛的顏色、血型等各性質的部分。例如：「決定血型的基因」等。

DNA 基因的真相是不滅物質、DNA

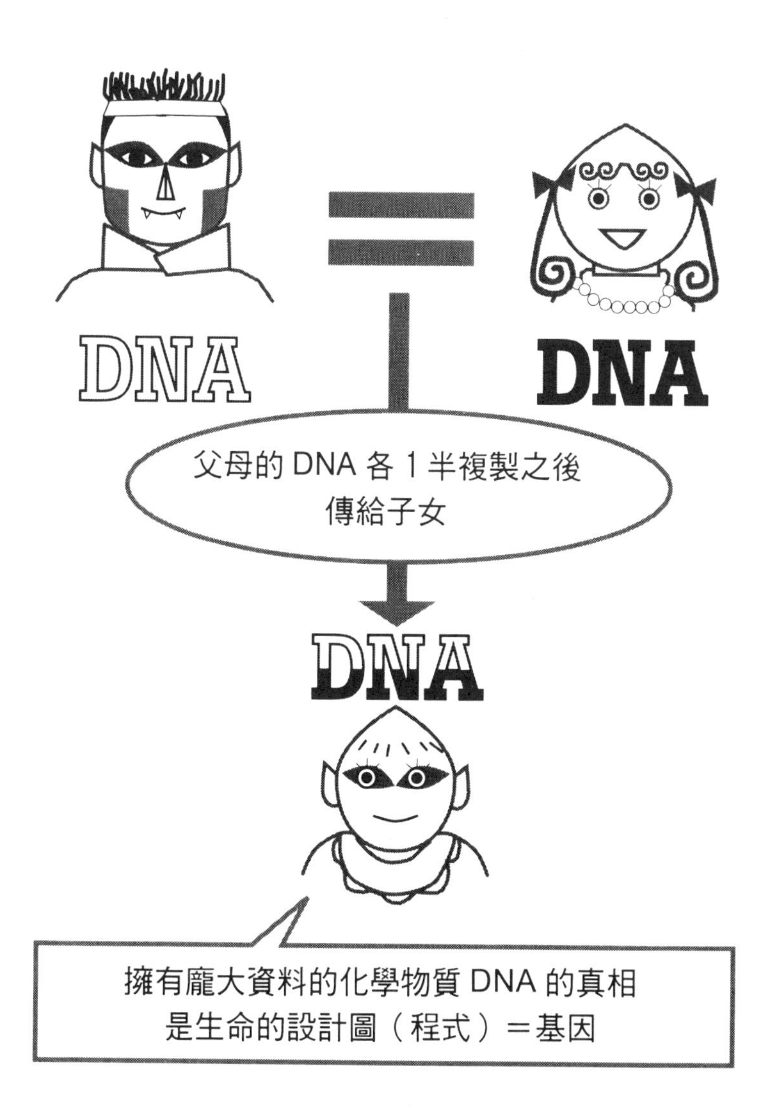

嚴格的說，人類的ＤＮＡ擁有大量資料，其中一部分成爲基因，傳承父母的各種性質。但是，一般我們都忽略這一點，直接認爲基因＝ＤＮＡ。

◆生物的進化是ＤＮＡ的進化

那麼，最初的ＤＮＡ到底是如何，且於何時產生的呢？

關於這一點，眾說紛紜，其中最有力的假設爲，奇蹟的偶然造成自然發生。在遠古時代的海中，出現了具備複製自己程式的ＤＮＡ，誕生了地球最早的生命（單細胞生物），進而開始增殖。

最初當然是單純的ＤＮＡ，接著經由生物的增殖以及複製，就會產生一些複製錯誤（突變）的生物。這樣的子孫又會進化爲另一種生物。經過大約三十六億年的歲月，終於產生像人的ＤＮＡ一般巨大複雜的生物。

並不是因爲生物進化使得ＤＮＡ進化，而是因爲ＤＮＡ進化，生物才得以進化。

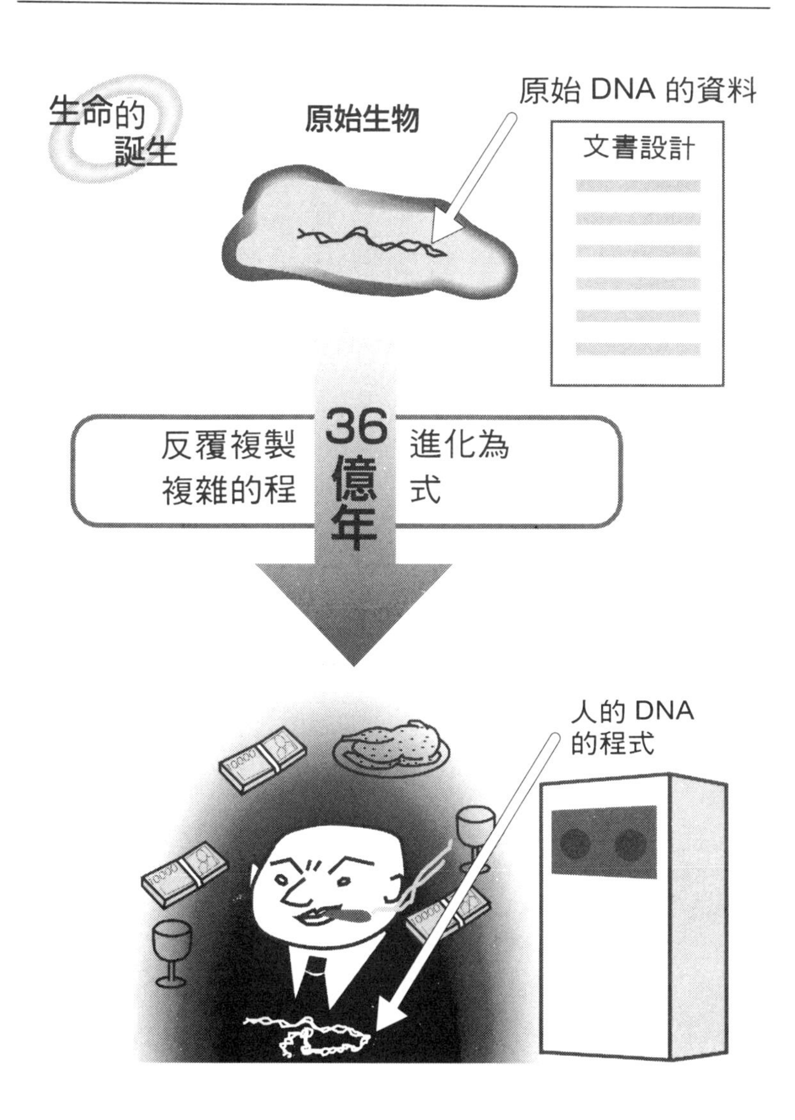
生命的誕生
原始生物
原始 DNA 的資料
文書設計
反覆複製
複雜的程
36億年
進化為
式
人的 DNA
的程式

2 DNA在身體的哪個地方？

人體所有的細胞都是由二公尺的DNA構成的……

◆微觀世界的神奇

我們的身體由大約六十兆個*細胞所構成。而每一個都複製了從父母那裡承襲而來的DNA。也就是說，我們擁有六十兆個相同的DNA。

皮膚的細胞或胃的細胞都有DNA，真是讓人覺得不可思議。事實上，皮膚的細胞只存在了製造皮膚的基因。

細胞大小約〇・〇一毫米，而在裡面的DNA的大小，則寬為〇・〇〇〇〇〇二毫米，長約一公尺。DNA是兩條細長的線呈*雙重螺旋形成的，二條總計為二公尺。

到底有多細長呢？放大為五十萬倍來看，就成為寬一毫米、長一千公里的大小。一千公里相當於東京到鹿兒島之間的距離。這麼長的DNA存在於直徑五公尺的細胞中。

刻畫在這麼長的DNA上的資料量，光是雙重螺旋的單側就有三十億個文字，為數卷百科事典的分量。

＊細胞　英語為cell。

＊雙重螺旋　一九五三年，年輕學者物理學家J・瓦德森和生物學家F・克里克兩人共同研究，了解了這個DNA構造。

DNA DNA這麼細長！

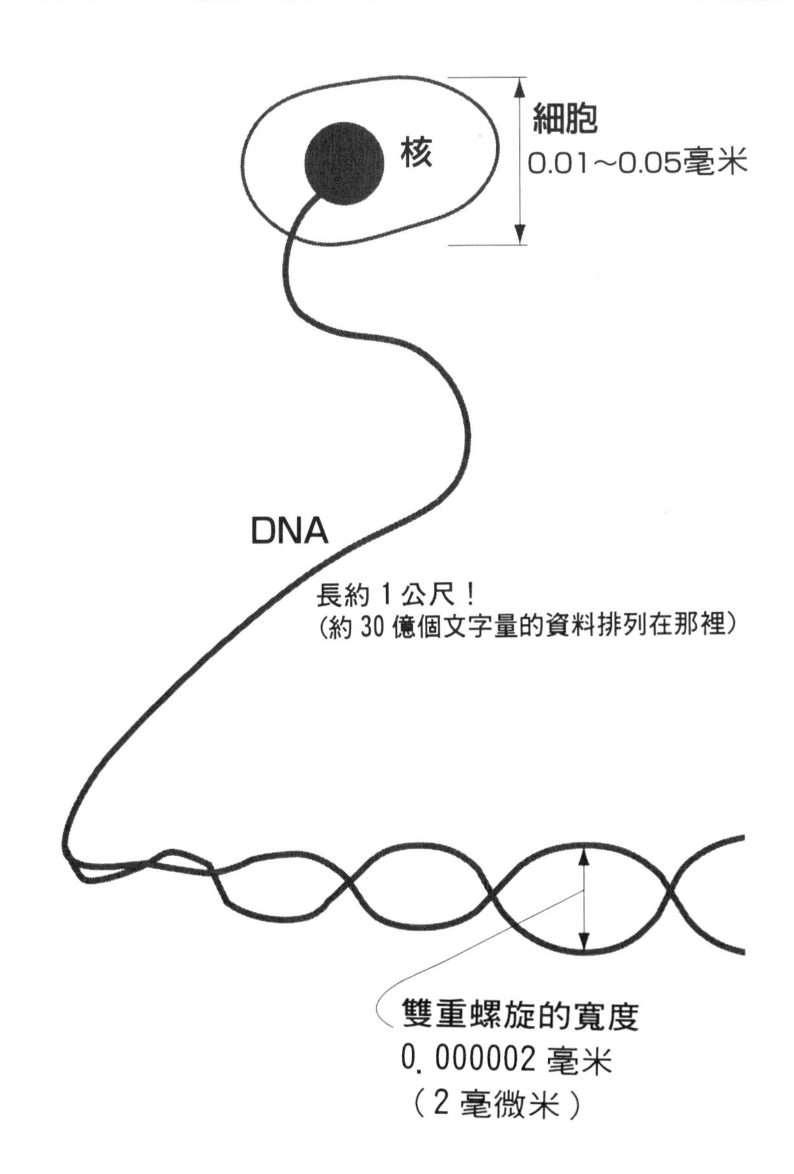

細胞
0.01～0.05毫米
核
DNA
長約1公尺！
(約30億個文字量的資料排列在那裡)
雙重螺旋的寬度
0.000002毫米
（2毫微米）

3 基因DNA與基因組的關係

雖然意義類似，但是應該如何區分呢？

◆DNA不會打結就是因為變成了染色體的形態

雖然DNA很細，但是，這麼長的東西塞在細胞裡，難道不會打結嗎？

我們在捲長毛線或繩子時，經常都會打結。爲了避免打結，必須捲成毛線球或紮起來。

事實上，DNA也是很謹慎的捲成了好幾層。

DNA擁有好像捲毛線球的捲軸一般的蛋白質芯。就好像穿過繩子的珠串似的，規則而正確的排列，小小的摺疊起來，再形成捲成粗的螺旋狀的*染色體形狀。

每種生物都有已經決定好的染色體數目。人類有四十六條。因爲DNA太細長，所以要分割成多條染色體。

關於染色體，上了年紀的人可能比DNA更熟悉吧。事實上，基因就是染色體。這個事實是在一九五二年才知道的，最近在學校裡也會學到這些知識。

***染色體**　因為具有容易被色素染色的性質而得名。如左圖所示，細胞分裂時會暫時出現X型的染色體。通常DNA會以更鬆弛的形狀存在於核內。

DNA　DNA的集合體是染色體

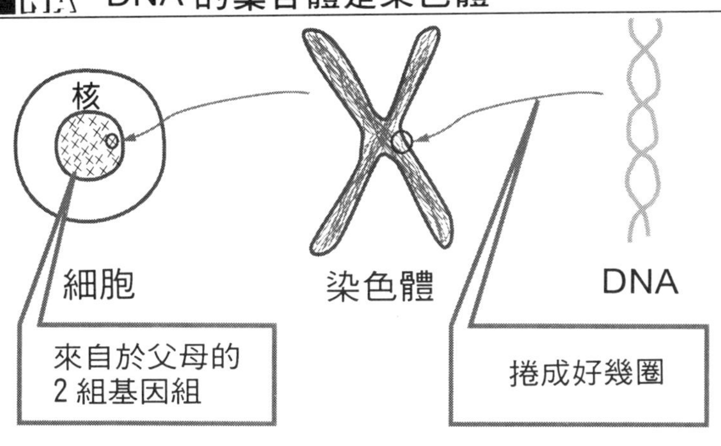

◆何謂基因組？

現在正在進行「*複製人計畫」這個國際性計畫。藉此可以完全解讀人的遺傳資料。

*基因組是指「某生物所需要的遺傳資料全部齊備的染色體集合」。就人類而言，總計四十六條染色體中，四十四條變成二十二組。這一對對的染色體分別來自於父方與母方，因爲是具有同樣作用的基因群，所以只要有任何一方的一種就夠了。

將一對對的染色體分爲一半就是二十二條。再加上二種*性染色體，共計二十四條，維持生存所需的遺傳資料一應俱全。

通常，我們將二十三條染色體稱爲「基因組」。也就是說，一個細胞有二個基因組。

*複製人計畫
↓參照五〇頁

*基因組（genom）
基因（gene）與染色體（chromosome）合併的造字。

*性染色體
有X染色體、Y染色體二種。XY為男性，XX為女性。
↓參照八八頁

4 基因DNA的作用

DNA是掌管生命活動的蛋白質的設計圖！

◆人類的基因製造出十萬種蛋白質

基因＝DNA的重要作用，就是製造*蛋白質。對於基因這兩個字有先入爲主觀念的人，如果知道它的作用是製造蛋白質，可能會有一點意外。事實上，由父母傳給子女的遺傳資料，就是在什麼樣的時機要製造什麼樣的蛋白質的程式。

人體是由大約十萬種蛋白質所構成的。DNA中有分別對應這十萬種蛋白質的設計圖。隨著蛋白質的不同，構成生物的種類也不同。

當然，人體不僅是由蛋白質構成的，例如骨骼的主要成分是鈣。DNA中並沒有寫著骨的形狀和粗細的設計圖，只有寫著合成蛋白質的程式而已。

事實上，骨骼是藉著各種蛋白質的共同作業而建造出來的。DNA中只是有合成這些蛋白質的程式而已。也就是說，DNA製造出蛋白質，而蛋白質製造出人體。

***蛋白質**

語源來自「蛋白」，英語是 protein。

DNA 是蛋白質合成的程式

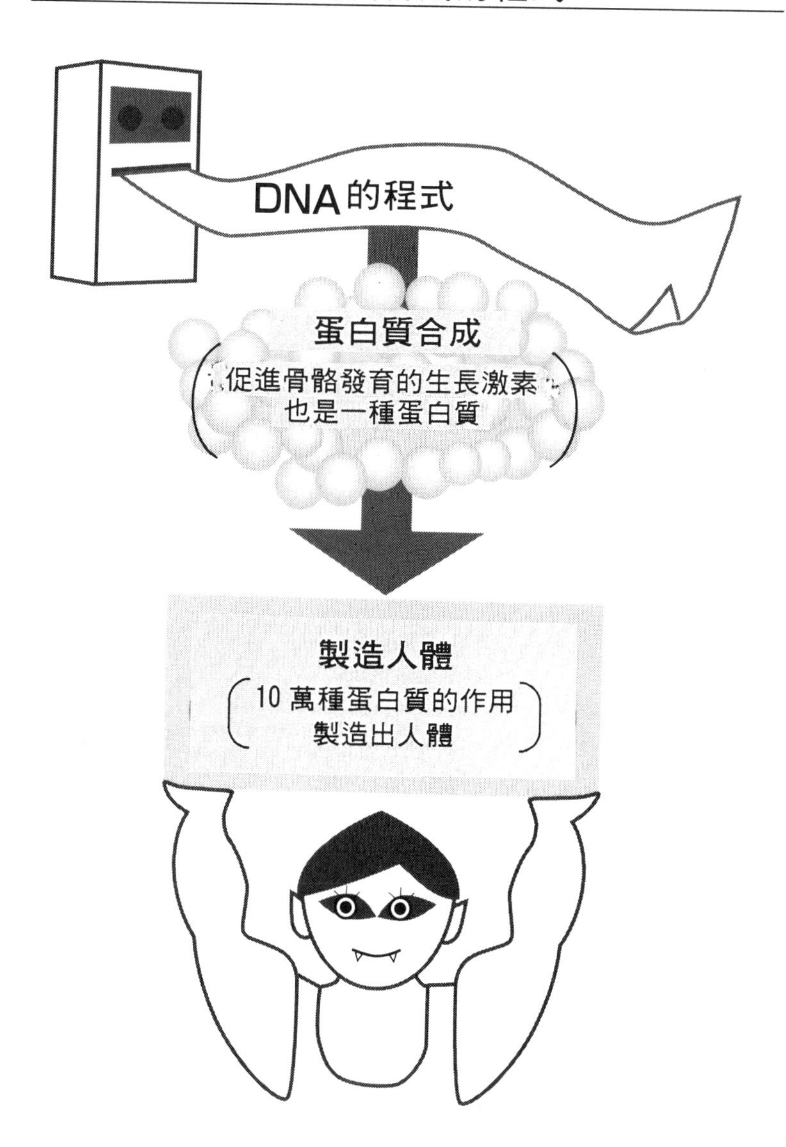

◆O—一五七的貝洛素毒就是蛋白質！

在皮膚、毛髮、指甲、眼球等眼睛可以看到的部分，以及骨骼、肌肉、內臟、血液中的紅血球與白血球中，蛋白質的含量都很豐富。例如，消除皺紋的美容藥***膠原蛋白**就是蛋白質，塞在細胞與細胞之間，由占人體蛋白質三〇%的纖維所構成。

蛋白質不僅是構成身體的材料，同時也負責生命活動的營運。事實上，各種***酵素**及大部分的***荷爾蒙**都是蛋白質的同類。

不可取代的蛋白質卻有引發狂牛病的***普里翁**、O—一五七的**貝洛毒素**等相當可怕的蛋白質。

◆人類的細胞有二百種，各自所需的蛋白質都不相同！

我們每天攝取食物中的蛋白質。爲什麼要特意合成ＤＮＡ呢？這是因爲被消化分解的蛋白質，會被ＤＮＡ重新替換成幾種其他的蛋白質。

像頭髮和指甲的細胞不同，皮膚和內臟的細胞不同，各細胞都是由ＤＮＡ合成不同種類的蛋白質所構成的。結果在人體內有大約二百種細胞分擔不同的任務。

前面提過，不管哪個細胞都有ＤＮＡ，但是，因ＤＮＡ存在部位的不同，製造出來的蛋白質也不同。

***膠原蛋白**
就是膠原質。

***酵素**
→參照次頁

***荷爾蒙**
隨著血液運送到體內各組織、調整其功能的分泌物，像胰島素等都是。

***普里翁**
會感染、增殖的謎樣蛋白質。人類的ＣＪＤ病也是由這種蛋白質引起的。

DNA 必要的蛋白質基因擺在 ON 的位置！

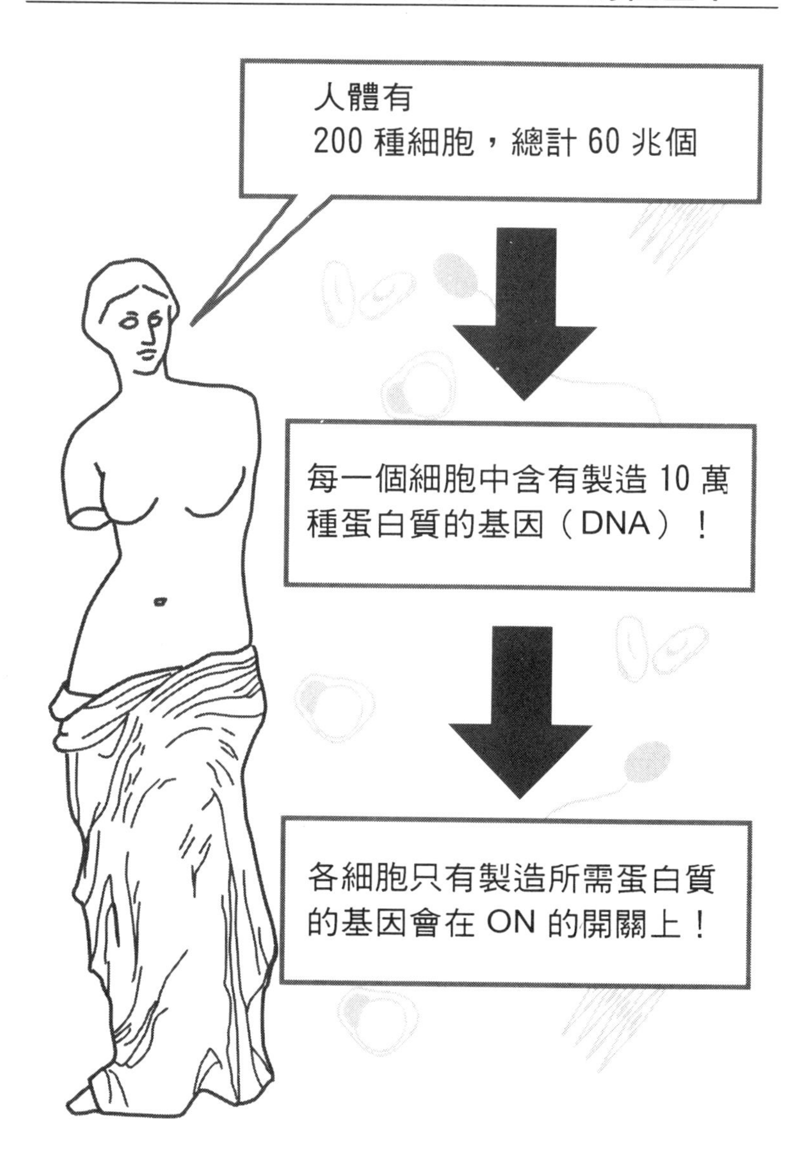

5

「魔法蛋白質」酵素與DNA的關係

分解、合成等酵素的觸媒作用支撐著生命！

◆只有DNA，卻沒有酵素，則什麼也無法形成

DNA合成蛋白質需要*酵素的幫助。換言之，DNA能夠發揮基因的作用，就是因爲有酵素存在的關係。

那麼，酵素到底是什麼東西呢？

像因爲洗劑的廣告而著名的酵素就是一種蛋白質。事實上，各種酵素在我們體內具有非常重要的作用。例如，酵素不僅具有合成的作用，也具有分解的作用。

◆與火力及高壓電流並駕齊驅的「酵素力」

分解酵素的代表，就是在中學理科所學的*消化酵素。消化酵素在人體當中對於分解反應具有觸媒作用。在洗劑中的則是，能夠分解蛋白質、脂質或頑垢的酵素，是利用細菌製造出來的物質。

如上所述，酵素具有「合成」、「分解」的作用。此外，也有「氧化還原」、「改變（化合物）構造」等作用。這些酵素力相當強大，不需要使用火力或電力，觸媒就能夠點燃體內的各種化學反應。

*酵素　也稱為「生物體觸媒」

*消化酵素　像分解澱粉的澱粉酶、分解蛋白質的類蛋白酶、分解脂質的脂肪酶等都是。

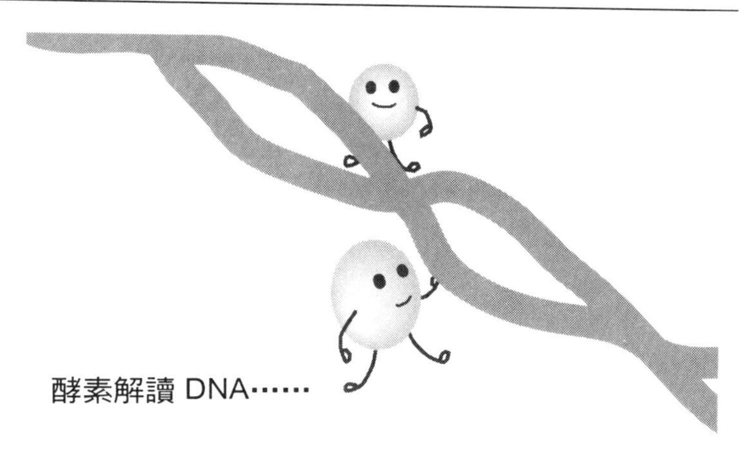

進行蛋白質的「合成」、「分解」、「氧化還原」或「改變構造」

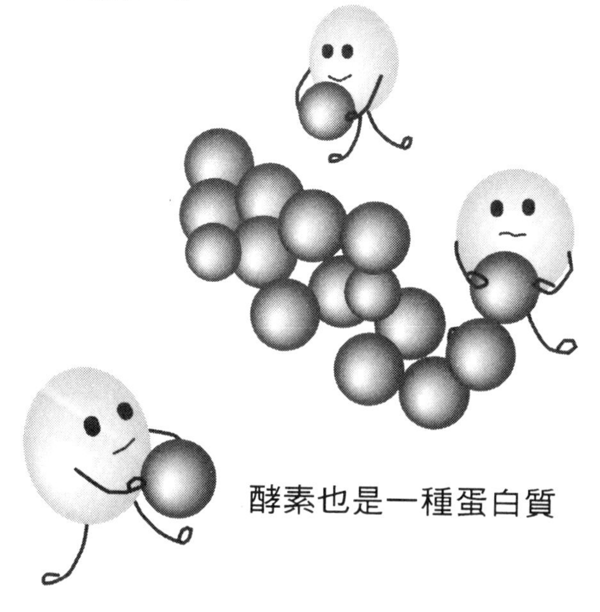

6

DNA是何種物質？

DNA的雙重螺旋是非常單純的構造！

◆最初認為蛋白質就是基因

要開始討論基因DNA的核心了。

包括酵素在內，生命的重要物質是蛋白質。蛋白質的設計程式DNA，到底是何種物質呢？

DNA是由幾種單純的成分構成的。因此，DNA在被發現的當時，並不被認爲是製造複雜生物的基因，而比DNA更複雜、更多種類的蛋白質才被認爲是基因。

但是意外的是，DNA才是基因的本體。

◆遺傳密碼只由四個字構成

掌握生命關鍵的單純的DNA物質，到底擁有何種構造呢？其秘密就在於被稱爲*鹼基的化學物質。排列成DNA的鹼基的種類，負責遺傳資料的文字任務。

它只有四個字，即A（腺嘌呤）、T（胸腺嘧啶）、G（鳥嘌呤）、C（胞嘧啶）四種。這些排列（鹼基排列）負責所有的遺傳資料。

＊鹼基

具有與酸結合性質的物質。通常稱為鹼性的物質，是指在鹼基當中能夠溶於水的物質。

DNA 遺傳資料是 DNA 的鹼基排列！

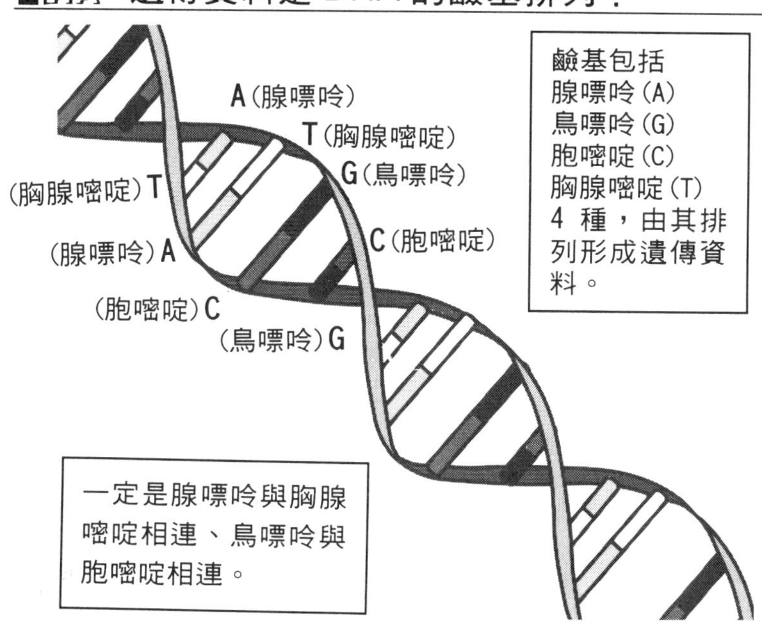

如圖所示，鹼基當中的A與T、G與C成對（稱為**鹼基配對**），結成DNA的雙重螺旋。A與T有二條化學結合的手，C與G有三條，能夠分辨對方。

A・T對與G・C對排列成DNA，就好像照片正片與負片的關係一樣。

稍後會說明這個構造在*自行**複製**時的重要作用。

*自行複製
↓參照四二頁

7 DNA的密碼是數位資料

DNA是氨基酸的密碼排列而成的資料庫！

◆任何蛋白質的材料都具有二十種氨基酸

爲什麼DNA藉著ATGC四個字就可以涵蓋所有的遺傳資料呢？其關鍵就在於DNA所合成的蛋白質的構造。

據說創造地球生物的蛋白質有一百億到一兆種以上。但是所有的蛋白質都是由僅僅二十種*氨基酸組合而成的。而決定氨基酸組合方式的是DNA（雙重螺旋的任何一邊的鹼基排列決定這一點）。

◆二十種氨基酸以三個字密碼化

在DNA的四種字（鹼基）當中，三個字即組合構成一種氨基酸。例如，有名的營養飲料天門冬氨酸，是GAT或GAC的組合製造出來的，而調味料所使用的谷氨酸，則是GAA或GAG。

這三個字的組合稱爲「**一組密碼**」。

會打麻將的人應該可以了解。例如，麻將牌是將三張牌組合成一組密碼，這和製造一種氨基酸的三個字是同樣的情況。這三個字的組合，按照DNA雙重螺旋單側的排列來進行，形成一組蛋白質。

***氨基酸**　二十種氨基酸當中稱為必須氨基酸的八種無法在人體內合成，必須當成營養素從體外攝取。

DNA 蛋白質是氨基酸的組合

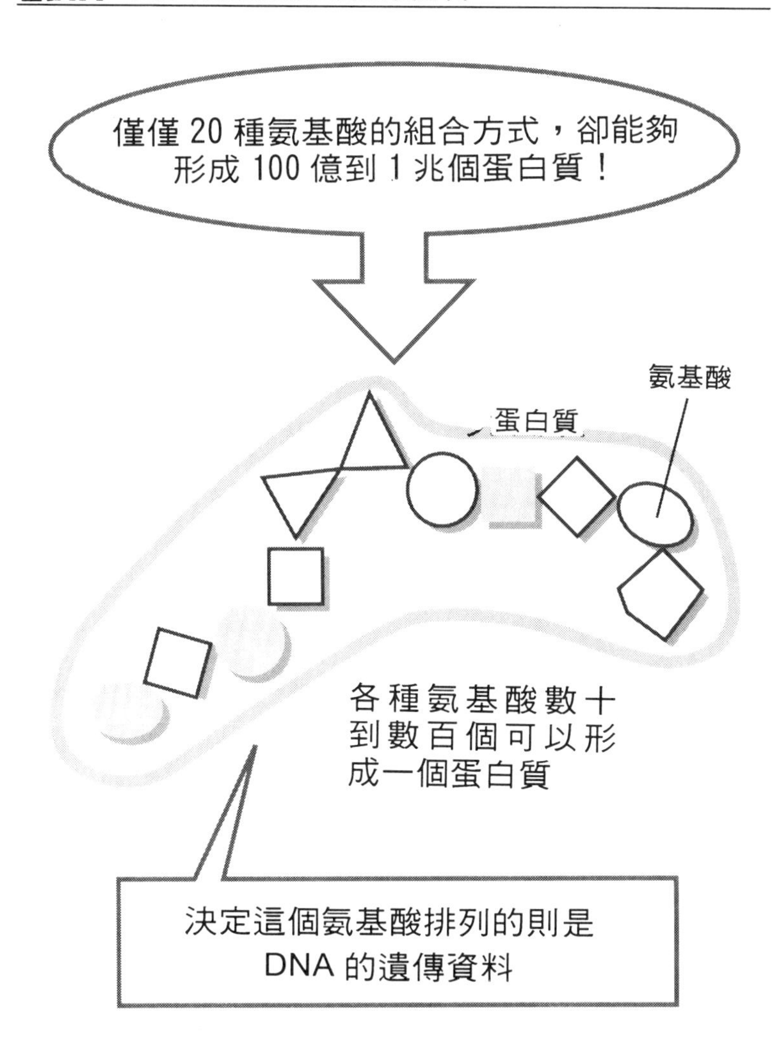

使用四種字所構成的三字組合，應該是4×4×4＝64，共有六十四種。如果全都拿來形成二十種氨基酸，實在太多了。但是實際上，對一種氨基酸會用多個三字組合來對應，因此很有條理。

字母組合和氨基酸的對應表，形成如左表所示的**遺傳密碼表**。這是在一九六八年才解析出來的表。這對於生物學而言是劃時代的發現。因爲能夠藉此觀察到鹼基這個微觀的世界，可以從分子階段來研究生命的構造（分子生物學）。

例如，如果以鹼基排列的階段來了解遺傳病的原因，那麼就能夠開闢***基因治療**之道。而只要更換鹼基排列進行品種改良，就能夠培養出***基因重組**作物。

◆新發現・遺傳密碼成為方言！

「基因的文法」這個密碼規則，基本上是地球上全部生物共通的。這就證明了地球上的生物，全都是誕生於遠古時代最初單細胞生物的子孫。

而最近卻發現了原生動物以及來自***線粒體**的「方言」。與我們的遺傳密碼有部分不同的生物也存在於這個世界中。這到底意味著什麼呢？關於進化論，我們又提出了新的問題。

***基因治療**
↓參照一九二頁

***基因重組**
↓參照一六八頁

***線粒體**
↓參照七二頁

DNA 遺傳密碼表

密碼	氨基酸	密碼	氨基酸	密碼	氨基酸	密碼	氨基酸
TTT	苯丙氨酸	TCT	絲氨酸	TAT	酪氨酸	TGT	胱氨酸
TTC		TCC		TAC		TGC	
TTA	白氨酸	TCA		TAA	終止	TGA	終止
TTG		TCG		TAG		TGG	色氨酸
CTT	白氨酸	CCT	脯氨酸	CAT	組氨酸	TGT	精氨酸
CTC		CCC		CAC		CGC	
CTA		CCA		CAA	谷氨酸	CGA	
CTG		CGG		CAG		CGG	
ATT	異白氨酸	ACT	蘇氨酸	AAT	天門冬氨酸	AGT	絲氨酸
ATC		ACC		AAC		AGC	
ATA		ACA		AAA	賴氨酸	AGA	精氨酸
ATG	蛋氨酸 開始點	ACG		AAG		AGG	
GTT	纈氨酸	GCT	丙氨酸	GAT	天門冬氨酸	GGT	甘氨酸
GTC		GCC		GAC		GGC	
GTA		GCA		GAA	谷氨酸	GGA	
GTG		GCG		GAG		GGG	

解讀這個密碼時

8 RNA與DNA有何不同？

在蛋白質合成的「工地」工作的是RNA

◆RNA負責運送和製造工廠的任務

與DNA（去氧核糖核酸）一起出現的名稱是RNA（核糖核酸）。兩者僅有一字之差的類似物質，其作用也稍有不同。DNA爲雙重螺旋構造，RNA則僅有一條鎖鏈。在蛋白質合成時，RNA宛如DNA的兄弟似的，具有重要的作用。

負責保管製造生物體的重要資料的是DNA。換言之，它就好像塞滿基因資料的資料庫一樣。DNA是資料庫，而RNA則是將資料複製運出，藉由這些資料製造出蛋白質的物質。也就是說，它擔任運送與製造工廠的任務。

如圖所示，我們所說的RNA有三種種類。

其關係爲，資料庫（DNA）的設計圖由負責運送的（信使RNA・mRNA）送到工廠（核糖體RNA），原料則由負責調度的（轉移RNA・tRNA）運送過來。

DNA RNA是搬運及製造工廠

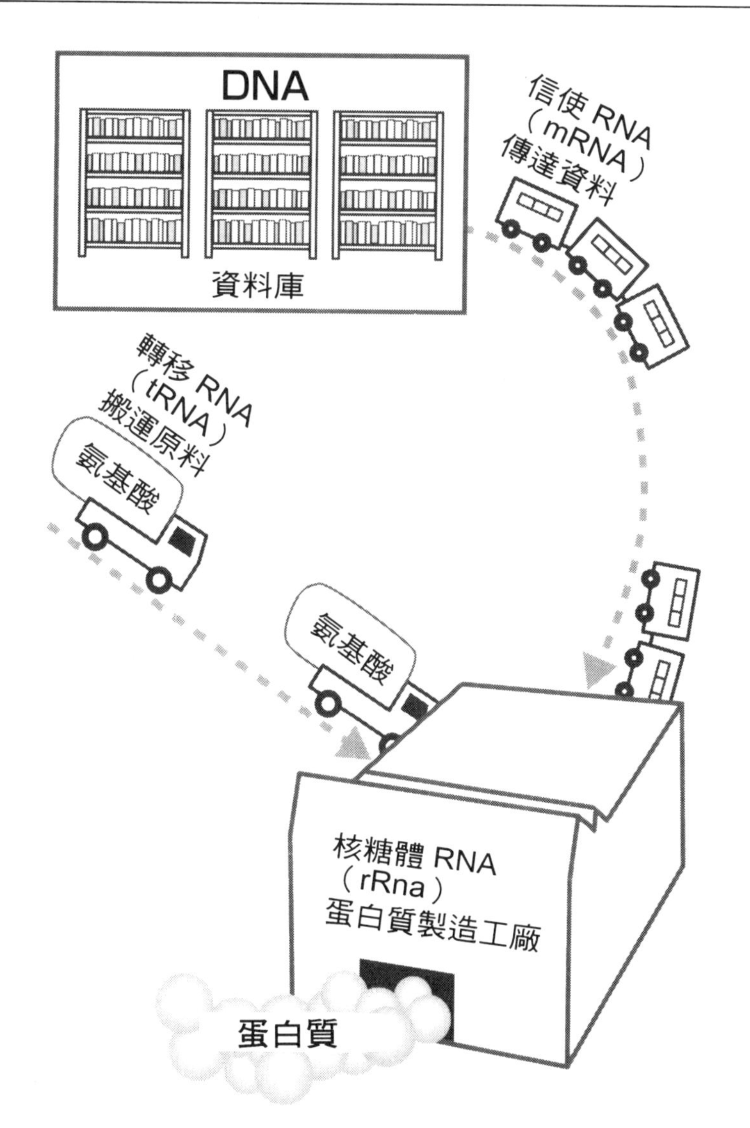

9 DNA的資料經過編輯成為基因！

RNA具有編輯必要情報的重要構造

◆人類的DNA九成以上意義不明！

人的DNA大約輸入了三十億個字（鹼基配對）。但是能夠將其翻譯爲蛋白質的排列只占整體的三～五％，剩下的，則是即使排列氨基酸也無法成爲蛋白質的意義不明的排列。蛋白質合成所需要的部分稱爲**Exon**，意義不明的部分則稱爲**intoron**或*無用DNA。

此外，DNA的雙重螺旋當中，只有單側會提供資料給RNA。看了前文，相信已經有人發現，因爲RNA並不是雙重螺旋，而是一條鎖鏈。RNA到底要複製DNA的什麼地方比較好呢？應該如何判斷呢？

*無用DNA是細菌等單純生物所沒有的部分。

◆DNA掌握蛋白質合成的開關！

在DNA上的基因的部分，也就是蛋白質的設計圖，安裝了RNA複製時的啓動開關及相當於密碼部分的開關。缺乏某個足夠的蛋白質、需要某種蛋白質時，就按一下開關，知道複製出蛋白質之後，就關上開關。按下開關時，必要的資料就會由DNA複製到R

DNA 遺傳資料被編輯出來

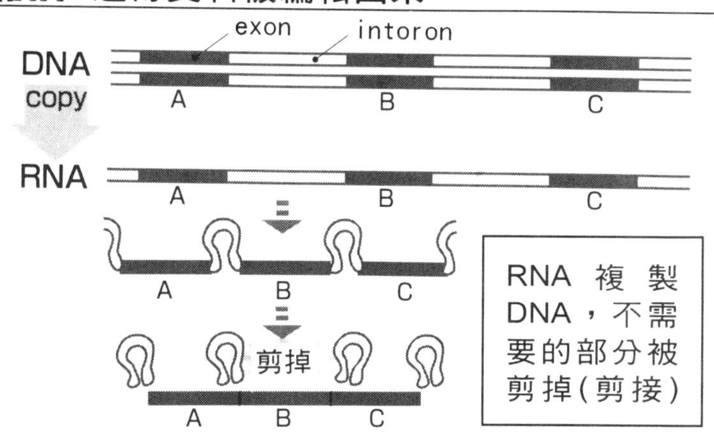

RNA複製DNA，不需要的部分被剪掉(剪接)

NA。這時是由稱爲**抑制子**的蛋白質負責按開關。此外，在複製到RNA上時，**RNA聚合酶**相當的活躍。

◆編輯不需要的資料的RNA

事實上，雖然RNA複製了資料，但其中有很多是意義不明的無用資料。如圖所示，遺傳資料中摻雜了一些沒有用的資料。

不需要的部分在複製到RNA上之後，會正確的被去除。這項編輯作業就稱爲**剪接**。

爲什麼在DNA之中會有這麼多意義不明的部分呢？可能是在進化過程中增加的吧！關於其存在的理由不得而知。也許它有它的意義，只是我們現在還不瞭解罷了。

10 何謂DNA複製的構造？

解開雙重螺旋，形成各自獨立的DNA

◆複製自己的DNA

除了製造蛋白質之外，DNA還有一個重要的作用，就是**自行複製**，也就是複製出一樣的自己。因爲有這個能力，所以能夠使生物成長或增殖。

二十二頁提過，我們身體的細胞全都擁有同樣的DNA。任何複雜的生物，最初都是由一個卵細胞開始的。卵細胞會反覆分裂好幾次，不斷的生長。***細胞分裂**時，DNA也分裂，同時也複製了與自己相同的物質，因此，我們身體所有的細胞都含有相同的DNA。

◆複製時酵素相當活躍

DNA的雙重螺旋，具有如照片的正片與負片的關係。DNA的四個鹼基當中，A與T、C與G面對面結合，當二條DNA分開時，仍舊是A與T結合、C與G結合。利用這個性質，DNA可以自行複製自己。當任何一邊的DNA破損時，只要還有另外一條DNA，就能夠再生。

***細胞分裂**
↓參照五十四頁

DNA 自行複製的構造

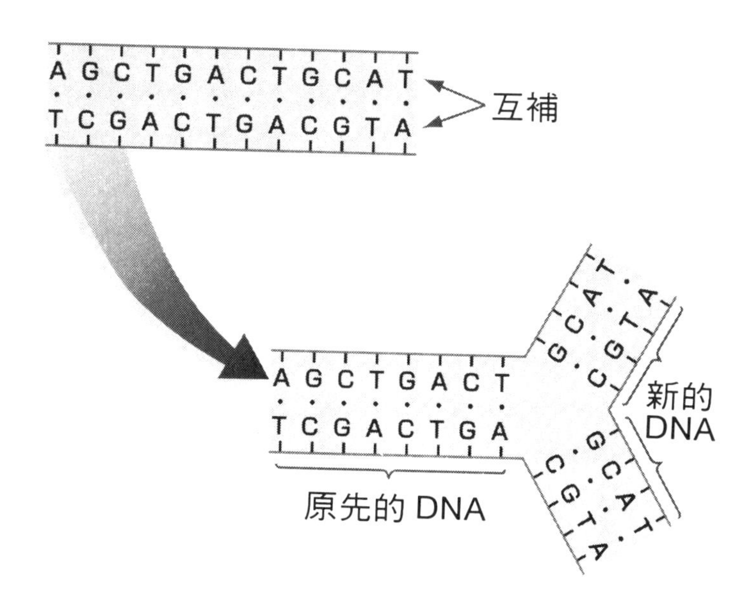

細胞分裂時，二條DNA會各自解開爲一條。這和**DNA聚合酶**這種合成酵素有關。解開的二條DNA各自形成模型，然後再與新的DNA材料結合，＊**複製**出二套DNA。

如果說得牽強一點，也就是一組伴侶分開之後，各自藉著合成酵素這個愛神的幫忙，和新的對象結合，誕生了二組伴侶。

＊**複製**　複製的DNA為原本的DNA和新的DNA各一半，因此也稱為「半保存的複製」。

11 突變是如何發生的？

脫離嚴密修復系統而產生的突變

◆DNA是數位資料

如前所述，DNA是以ATGC四種鹼基排列爲基礎而複製出來的，就好像數位資料的複製。

像錄音帶等類比資料，如果反覆複製，音質就會劣化。而CD等數位資料則可以完美的複製。DNA能夠精密的進行自我複製，就是因爲它的資料爲數位資料。

但是，有時候DNA也會出現錯誤，如果A與G、T與G等結合在一起，那麼，就算是再精密的構造也會出錯。

但是請放心，因爲細胞具有修復錯誤的系統。

首先，第一個修復系統是前述的合成酵素・DNA聚合酶。也就是DNA聚合酶自己包工程，同時負責現場監督和修理的工作。

◆紫外線、化學物質、病毒……DNA有很多天敵

除了複製的問題之外，DNA也經常受到「被破壞」的威脅。像紫外線及某種化學物質就具有使DNA排列混亂的作用。例如***癌細胞**就是其

***癌細胞**
↓參照六十頁

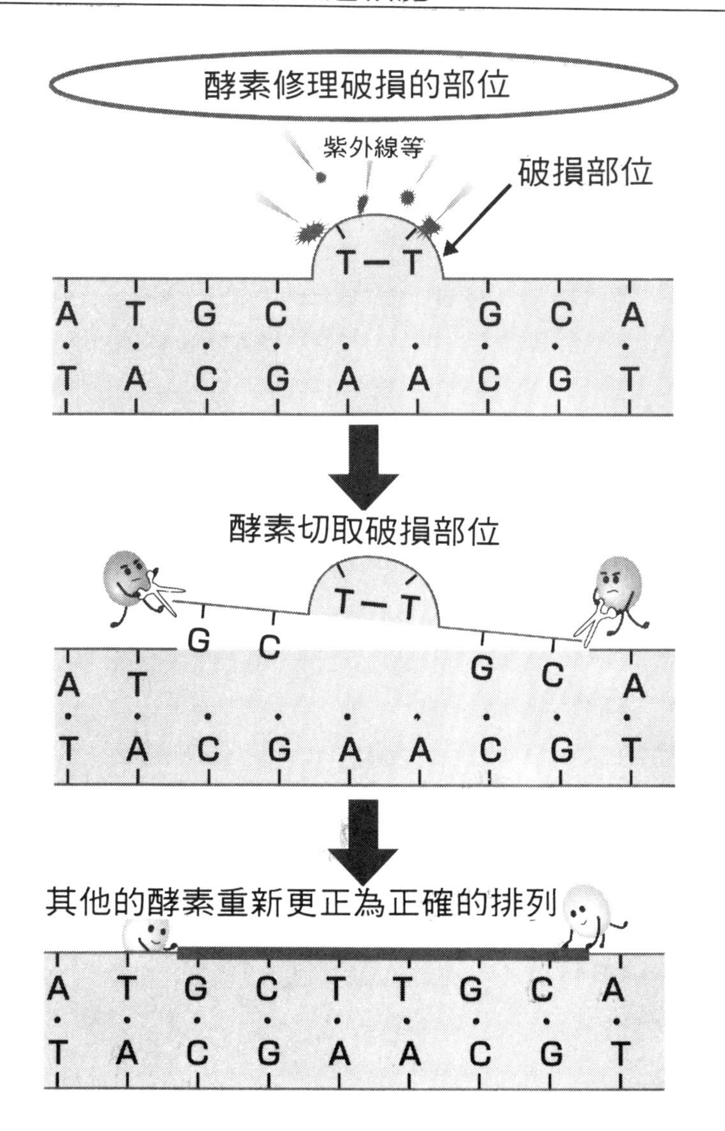

酵素修理破損的部位
紫外線等
破損部位
T—T
A T G C G C A
T A C G A A C G T
酵素切取破損部位
T—T
G C
A T G C A
T A C G A A C G T
其他的酵素重新更正為正確的排列
A T G C T T G C A
T A C G A A C G T

中之一。至於破壞DNA的化學物質，像香菸的煙等也包括在內。最近也發現很多*病毒所造成的變化。

發現這些破損的地方，由負責修理的酵素迅速發揮作用，進行修復作業。在生物體內，這種DNA高度修復系統相當的發達，因爲DNA一旦有毛病，就會對生物的生存構成威脅。

*病毒
→參照七十六頁

◆偶爾出現突變也是DNA的重要能力

DNA出現錯誤卻不加以修復、維持原狀，有時也會引起**突變**。但是藉著嚴密的修復系統之賜，在複製時出錯的機率爲一百億分之一。

事實上，像突變這種變化，是DNA的能力之一。因爲有這個能力，才能夠產生各種生物。也就是說，這造成了生物的**進化**。

如果DNA沒有變化，那麼，至今生物可能還只是在海中漂浮的單細胞生物而已。現在成爲主流的進化論認爲，在長久的歲月當中，由於不斷累積小小的突變，才陸續進化產生新種。

關於生物的進化，有各種不同的說法，並沒有決定性的定論，稍後會詳加探討。

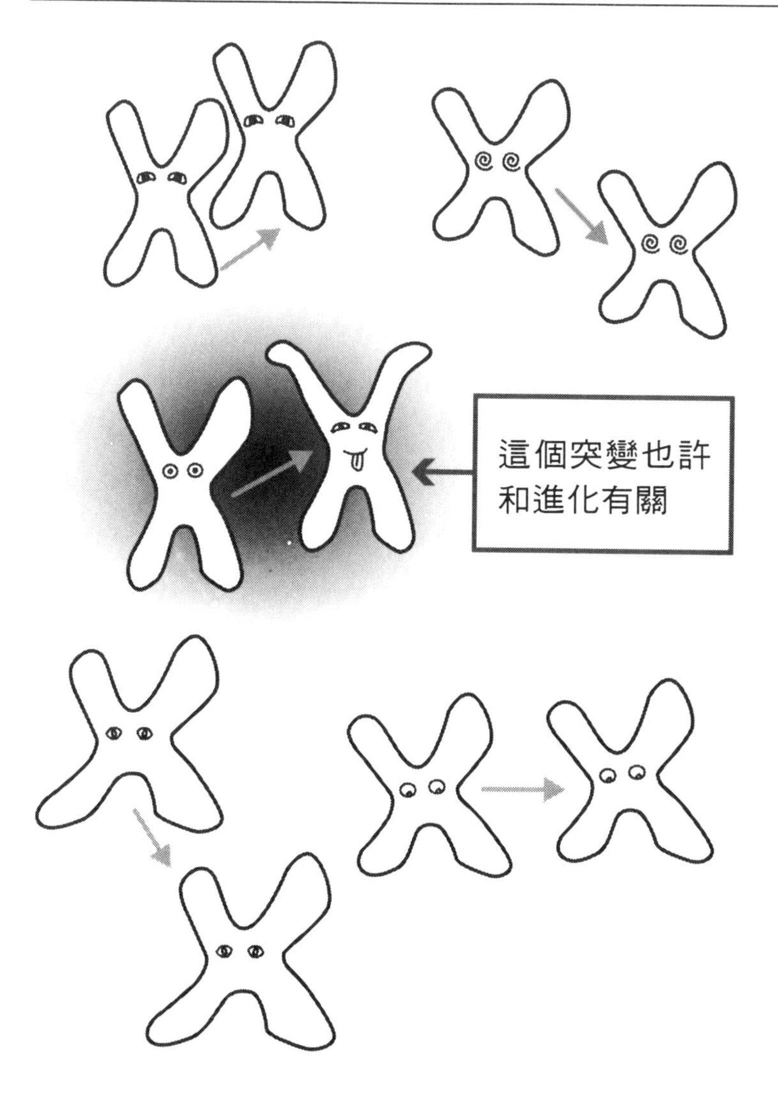
這個突變也許
和進化有關

12 DNA的些微差距導致生物的大差距！

僅僅一個鹼基的不同就會形成突變！

◆人和黑猩猩的不同約為一％，人的個人差只有〇・一％

所有生物當中與人類最接近的就是黑猩猩。黑猩猩的DNA與人類的DNA只有一％的差距。就因爲這一％的差距，而決定了人和黑猩猩的命運。

我們每一個人的體型和性格都不同，人種也不同。爲什麼即使基因組一樣，還是會有這樣的個體差異呢？因爲即使有同樣的基因，可是我們的DNA卻有一些差距。

比較人類的DNA，發現個人差異只有〇・一％。僅僅〇・一％的不同，就決定了眼睛顏色或鼻子高度的不同。

◆一個鹼基配對的變化產生致命的蛋白質差距！

爲什麼DNA的些許差距會造成這麼大的差距呢？

這是因爲DNA鹼基排列一個字的不同，就會產生氨基酸的不同，而一個氨基酸的不同，就會發展爲蛋白質的不同。如此一來，重要的蛋白質就會出現突變。

DNA DNA 微妙的差距造成生物很大的不同

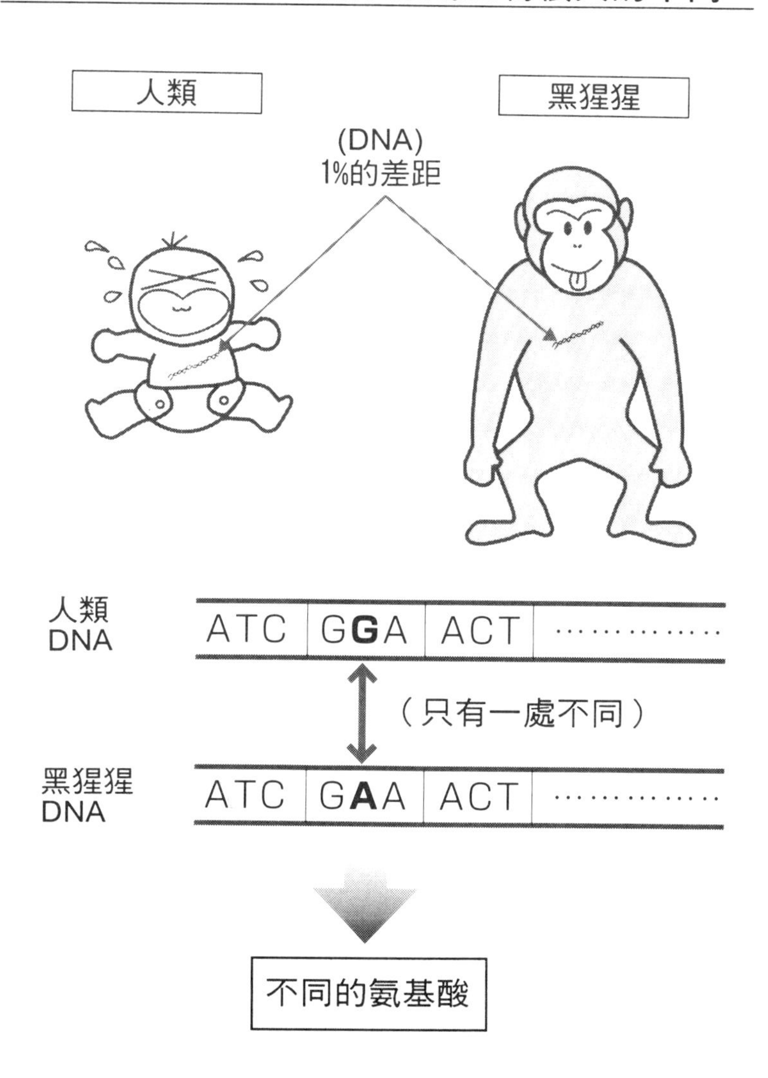

13 世紀的大計畫・複製人計畫

展開專利戰爭的基因組解析競爭

◆人的ＤＮＡ排列會改變

到目前爲止，科學已經解釋了許多事情，但是還是有許多不明白的部分。尤其我們對於自己的身體並不是非常的了解。例如，我們以前都不知道人類的ＤＮＡ的排列，但是，對於一些病毒、大腸菌或線蟲等的ＤＮＡ都能夠解讀。人類的ＤＮＡ是由三十億個**鹼基配對**所形成的，所以和這些生物之間當然有很大的差距。

今後若能完全解析各個基因，當然有助於我們了解進化的秘密以及進行基因治療。

◆接下來的課題是了解各個基因的任務

一九八九年，國際的大計畫**複製人解析機構**創立，開啟了複製人計畫的開端。

使用專用的技術來進行解讀，需要龐大的費用，因此還是需要國際間互相協助。但是，後來出現了能夠自行解讀人類基因組的民間企業，在二〇〇〇年六月大致完成計畫。打算取得解讀ＤＮＡ專

利的行動也相當的活絡。如果有有用的酵素或荷爾蒙的基因，那麼就可以人工的方式製造出治療用的藥物。尤其專利大國美國，甚至有很多稱爲＊**基因企業**提出了專利申請。

但是，先進國家之前目前已經同意，只對於疾病原因的解析及開發新藥的相關分析結果給予專利。

＊**基因企業**
美國的生物企業塞梅拉・傑洛米克茲公司，自行進行複製人計畫，而且以驚人的速度進行解讀。

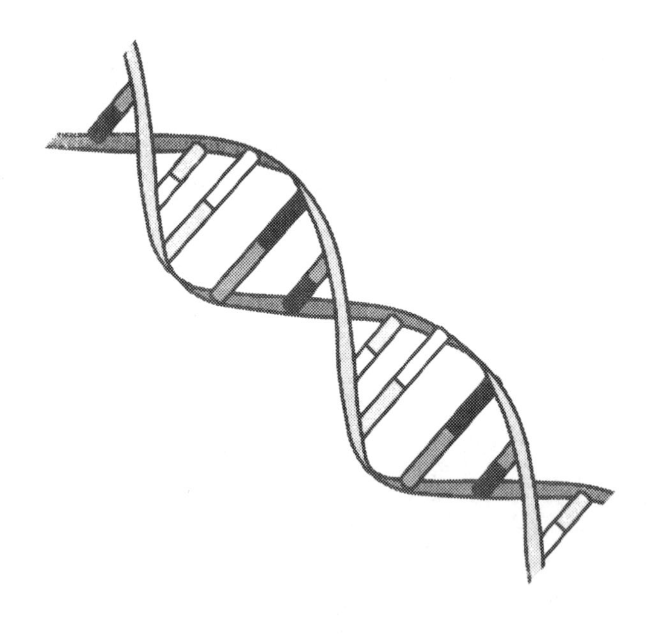

基因在體內做什麼？

基因的開關控制使受精卵成長為成人的神奇系統

★為什麼同樣的ＤＮＡ會形成不同的細胞？
★癌細胞是無法控制的狂飆列車
★蝌蚪的尾巴消失到哪裡去了？
★基因也有「死亡」的程式！
★基因發揮作用的小宇宙・細胞的構造是什麼？
★擁有獨特ＤＮＡ的線粒體之謎
★病毒是介於生物和物質之間的中間體

1 受精卵成為成人的構造

不需要的基因被封印細胞逐漸專門化

◆一個受精卵變成六十兆個細胞！

就好像錄影帶倒帶般的回頭看我們的一生，最後出現的，就是在母親腹中的一個**受精卵**。出生時，一個受精卵增加爲三兆個細胞。一個變二個、二個變四個……，細胞會二倍、二倍的增加。那麼，從一個變成三兆個，到底要經過幾次分裂呢？

答案是四十二次。也許你會覺得很少吧！成人的身體大約由六十兆個以上的細胞所構成，而變成六十兆個細胞，要分裂四十六次。

但是，這只是單純計算。事實上，有像***神經細胞**這種一次就能夠成形的不需要分裂的細胞，還有像***造血幹細胞**這種直到個體死亡爲止都會持續增殖的細胞。一個受精卵就能夠增加成這麼多個細胞，實在讓人十分驚訝。

◆受精卵具有變成二百種細胞的可能性！

受精卵反覆分裂，有些細胞成爲皮膚，有些細胞成爲心臟，有些細胞成爲紅血球，最後人體由二百種細胞所構成。也就是說，受

＊神經細胞
連結脊髓與腦的神經細胞，長達一公尺。

＊造血幹細胞
紅血球和白血球都是由這種細胞分裂製造出來的，持續增殖，就能夠經常供應體內新鮮的血液。

所有的生物都是從一個細胞開始的！

植物細胞與動物的受精卵一樣，全都具有「全能性」！

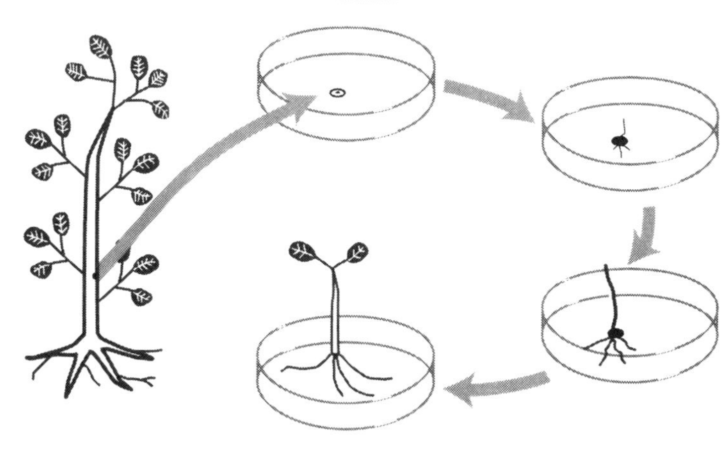

精卵隱藏著可以變成任何細胞的可能性。這種性質稱爲**＊全能性**。

全能性會在細胞反覆分裂的時候喪失，然後在細胞的功能專門化時不使用的基因就被封印掉了。

然而植物的細胞全都具有全能性。例如，不管從植物的哪一個部分取出一個細胞增殖時，都能夠成長爲成熟的植物。

＊全能性　九七年二月，發表了使用不具有全能性的體細胞誕生的複製羊的消息，打破過去的常識。↓參照一八八頁

2 為什麼同樣的DNA會形成不同的細胞？

生命編織出的連鎖反應的遺傳程式

◆有的基因會打開其他基因的開關！

唯一的受精卵經過幾次分裂之後，某個細胞變成皮膚，某個細胞變成心臟。專門術語稱爲「細胞的**分化**」或「發生」。

從PART1知道，所有的細胞都複製了同樣的DNA。而細胞分化則是指，在各個細胞有其他基因打開的過程。在形成複雜的人體時，基因的開關到底是如何加以控制的呢？

近年來終於慢慢的了解其構造了。

例如，「眼睛」的細胞，是數百個基因各自在絕妙的時機製造出必要的蛋白質而形成的。

最初是形成眼睛的基因打開開關，而這個基因製造的蛋白質再將下一個基因的開關打開，產生基因的連鎖反應，使幾百個基因井然有序的發揮作用。

也就是說，DNA是以好像推倒骨牌般的程式來控制成長。

DNA 製造眼睛的基因有幾百個！

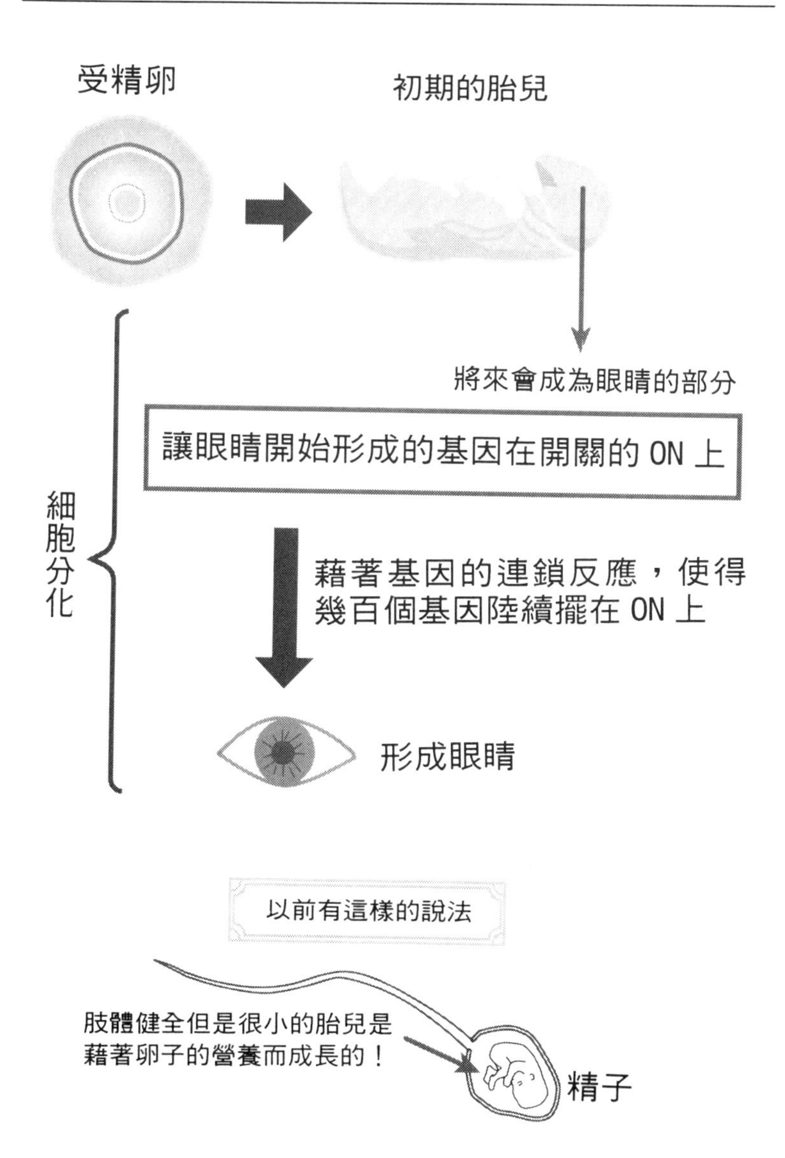

◆從蟲到人類共通的基因盒

研究果蠅的突變之後，發現除了眼睛之外還有許多製造最初開關的蛋白質的基因，稱爲**同基因**。如果這些基因異常，就無法正確的控制生物的成長。例如，應該長觸角的地方卻長出腳，產生突變。

調查ＤＮＡ，發現不論是哪一種生物，同基因都含有相同的鹼基排列。而這個共通部分，就是最近備受矚目的＊**基因盒**。

◆前後左右該如何決定？

在各種器官發達之前，動物有前後（頭與尾）、表裡（背與腹）、左右等的區別。但是在卵的階段，看起來並沒有這些區別。到底是以何種構造來決定前後或左右呢？

看果蠅的例子，這還是和某種蛋白質有關。

果蠅的卵受精之後，最初製造出二種蛋白質。各自存在於卵的單側，藉著各自的刺激打開其他基因的開關，決定前後。

這時，卵中原本所含有的蛋白質，以及鈣質等蛋白質以外的化學物質的濃度差、重力傾向、受精時精子衝入的位置等各種要素，會給予基因各種不同的刺激。

＊基因盒

ＤＮＡ當中有這些負責其他基因開關資料部分的基因，總稱為「調節基因」。另一方面，還有製造出如同製造身體的酵素作用的蛋白質部分，稱為「構造基因」。

DNA 相同 DNA 形成不同細胞的構造

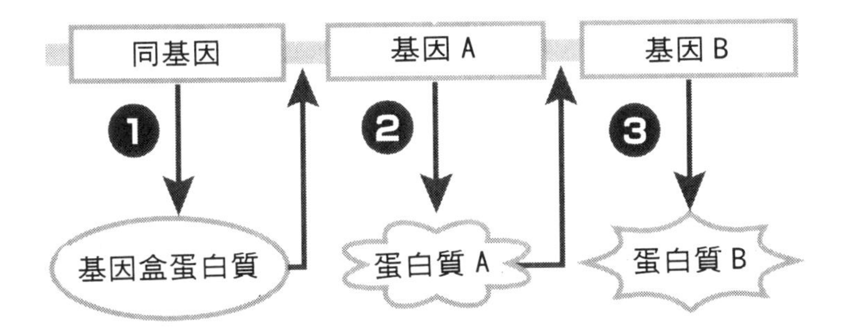

❶同基因形成基因盒蛋白質。

❷基因盒蛋白質作用於基因 A，形成蛋白質 A。

❸蛋白質 A 作用於基因 B，形成蛋白質 B。

藉著同基因的作用，一些基因產生連鎖作用。

3 癌細胞是無法控制的狂飆列車

致癌物質或病毒會使生長基因變成癌基因

◆擁有永遠的生命的細胞？

現在世界上有幾個研究所甚至有培養了幾十年以上的人類**癌細胞**。那是在一九五二年，從一個叫做希利耶塔・拉克斯的女性體內取出的癌細胞，以她的名字命名爲**希拉細胞**。她本人已經去世很久，但是，她的癌細胞還在世界各地的研究室持續生存著。

癌症是無法控制的細胞異常增殖的疾病。通常正常細胞分裂到決定的次數之後，就不再分裂。一旦這個構造變得混亂，就會持續分裂，成爲癌細胞。

細胞產生這種狂飆現象的關鍵有很多。例如，石綿等致癌物質或紫外線、X光等電磁波，都會造成這類的影響。而最近備受矚目的，就是病毒造成的影響。

◆癌基因與癌病毒

過去發現了一些癌病毒。這些病毒所具有的**癌基因**會使得正常細胞癌化。

DNA 癌病毒的起源

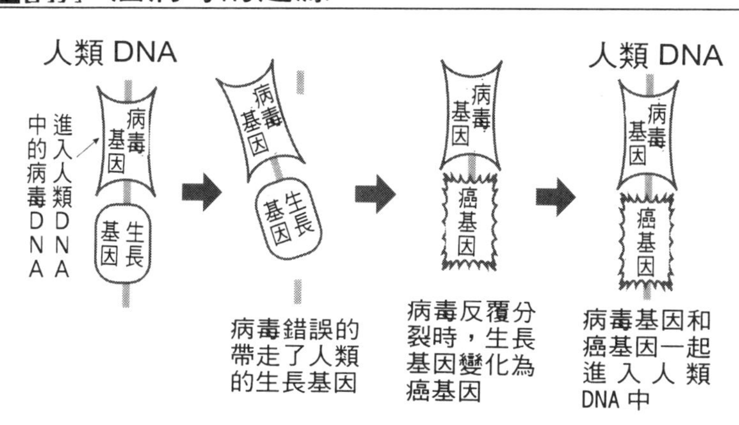

事實上，正常細胞當中也有癌基因，而其數目到目前爲止發現了五十多種。

這些癌基因原本是促進生長的＊**生長基因**。但是當受到病毒等的影響而發生毛病時，就會引發癌症。

癌病毒所具有的癌基因，和人類的癌基因非常類似。

曾幾何時，寄生於人類細胞的病毒將生長基因吸收到自己的DNA當中，讓生長基因產生變化，變成癌基因。然後這些病毒又去侵襲人類的DNA。

的確是病毒在惡作劇。

＊**生長基因** 也稱為增殖基因。

4 蝌蚪的尾巴消失到哪裡去了？

讓不需要的細胞自殺的自殺基因

◆隨著生長而消失的細胞

形狀如音符一般的蝌蚪慢慢的長出腳，然後尾巴消失，變成青蛙。蝌蚪的尾巴到底消失到哪裡去了呢？也許大家會覺得很不可思議吧！

胎兒的手最初沒有手指的形狀，然而隨著成長，就好像用雕刻刀雕出了手指的形狀一樣。在手指和手指之間的細胞逐漸消失了。

◆為了全體著想而自殺的細胞們

這種現象稱爲***細胞自殺**。例如，蝌蚪尾巴的細胞隨著成長會自行死亡，被周圍的組織吸收。也就是爲了幫助整體的成長而細胞自行死亡的現象。

在我們的體內，每天會有四千億個細胞死亡，例如，皮膚細胞或血液細胞，每天都會大量死亡，這也是一種細胞自殺現象。

引起細胞自殺的基因，稱爲 **mortalin**（死亡）。

***細胞自殺**

語源來自於表示「落葉」的希臘語。落葉樹的葉的根部細胞，到了秋天時就會出現細胞自殺的現象。此外，受傷或燒燙傷時，細胞死亡的現象稱為「壞死」。

DNA 蝌蚪的尾巴消失到哪裡去了？

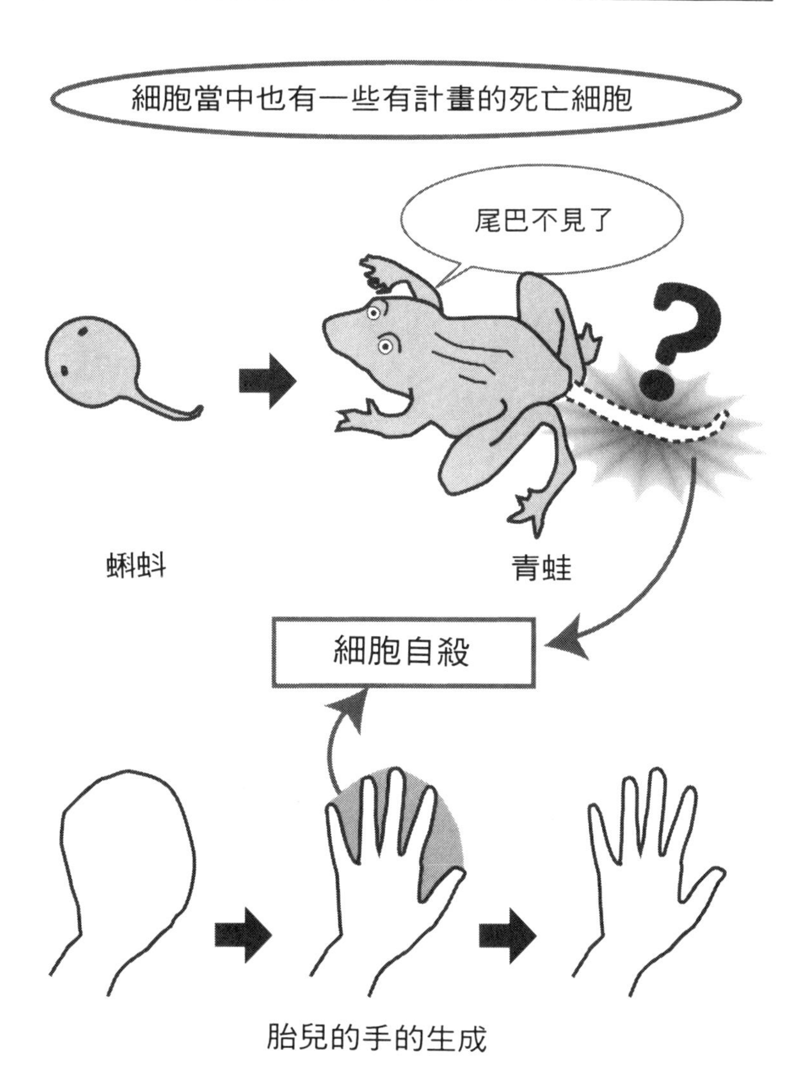

5 基因有「死亡」的程式！

細胞分裂的回數票・末端小粒使用完就會死亡

◆長生不老是可能的嗎？

秦始皇為了追求長生不老，在許多稱為「仙人」的人的圍繞之下，嘗試了各種的藥物和方法。但是，再怎麼努力也無法成功。最後秦始皇還是到了黃泉之下。

事實上，似乎無法實現長生不老的理想。

人類等多細胞生物會出現這種情況，可是像阿米巴或草履蟲等單細胞生物，也許可以視為是一種長生不死的生物。

假設有A這種單細胞生物，A分裂為A1與A2細胞。這時原本的A細胞並沒有死亡，只是轉生為A1與A2兩個細胞而已。

所以，對於細胞似乎不能應用「死亡」的觀念。當然，如果因為某種意外而使得細胞死亡，那就另當別論了。

◆在誕生的同時出現「死亡」的遺傳程式

為什麼多細胞生物會「死亡」呢？關於這一點，目前還沒有找到正確的答案，或許多細胞生物的DNA可能在一開始就輸入了「

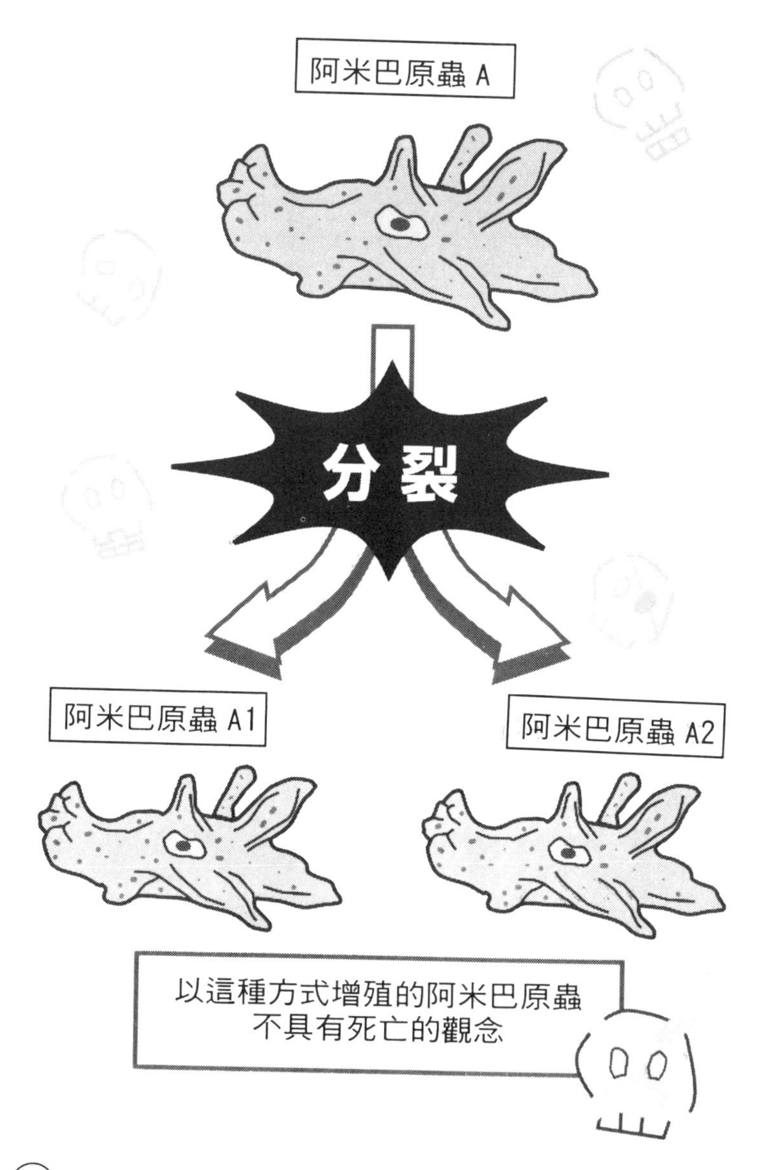
阿米巴原蟲 A
分裂
阿米巴原蟲 A1
阿米巴原蟲 A2
以這種方式增殖的阿米巴原蟲
不具有死亡的觀念

老化」或「死亡」的程式。

例如，DNA的雙重螺旋二端紮成一束的**末端小粒**的部分。每次細胞分裂時，這個部分就會縮短。縮短到某個程度之後，細胞就失去分裂的能力。這也是多細胞生物「死亡」的原因之一。

也就是說，每次進行細胞分裂時，都要使用一次「末端小粒」這個「回數票」。回數票用完之後，就剩下老化與死亡了。因此，如果想要用自己的細胞來*複製人，希望能夠繼承自己死後的一切，那麼，這個複製人恐怕也無法長壽。因爲如果這個人是五十歲，那麼，此人的細胞就已經使用了五十年份的回數票。

◆能夠補充「死亡回數票」的癌細胞

在能夠永久持續增殖的單細胞生物或*生殖細胞、癌細胞中，發現了可以修復末端小粒的酵素（末端小粒酶）。

但是遺憾的是，即使老化研究再進步，卻認爲人類的最長壽命只能到達一二〇歲。

我們付出「死亡」的代價，得到的是利用*有性生殖繁衍子孫的方法。因此，產生了具有各種個性的個體。在生物幾億年的進化當中，我們也可以說是已經得到了不死能力的生物。

***複製**
↓參照一八八頁

***生殖細胞**
就人類而言，就是指精子、卵子等。
↓參照八十八頁

***有性生殖**
父母的基因混合而生下各種形態的子孫，較容易防止因為環境驟變而使全部子孫滅亡的危險。
↓參照九十二頁

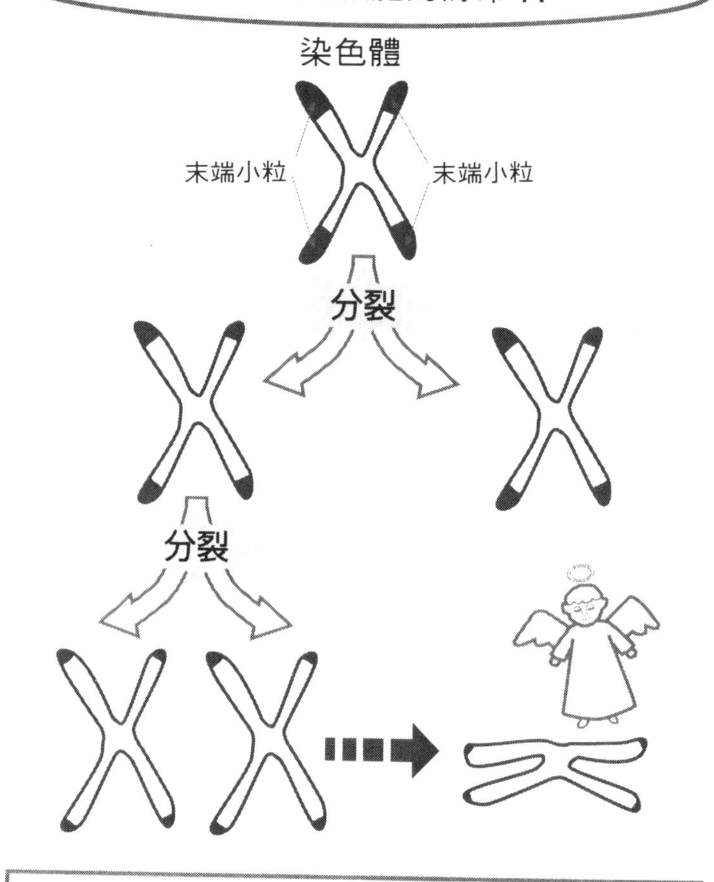

細胞每次分裂時，末端小粒會縮短，最後細胞就不能夠再分裂了

6 基因發揮作用的小宇宙・細胞的構造是什麼？

塞滿小器官的細胞是小的化學工廠

◆細胞是能夠自己生存的生命最小單位

爲了明白DNA的作用，首先要了解圍繞著DNA的環境。因此，現在要探討收藏DNA的**細胞**。

有細胞這個環境，DNA才能夠發揮基因的作用。所有的生物都是由細胞構成的。從一個細胞所形成的單細胞生物，倒像我們人類這種由許多細胞聚集而成的多細胞生物，都有這個共通的現象。

從多細胞生物的人體取出一個細胞，置於特定條件之下，結果就能夠增殖。也就是能夠靠自己的力量生存。因此，細胞是生命的最小單位。細胞只要必要條件齊備，就能夠靠自己的力量生存，就好像是維持生命的器官一樣。

◆多彩多姿的細胞器有如活躍的小宇宙

細胞會消化營養、產生熱量、合成蛋白質，是小型的化學工廠。

請看左邊的細胞圖。人體由二百種細胞構成，並非所有的細胞都是這種形狀。但是不管哪一種細胞，最低限度都是由這些素

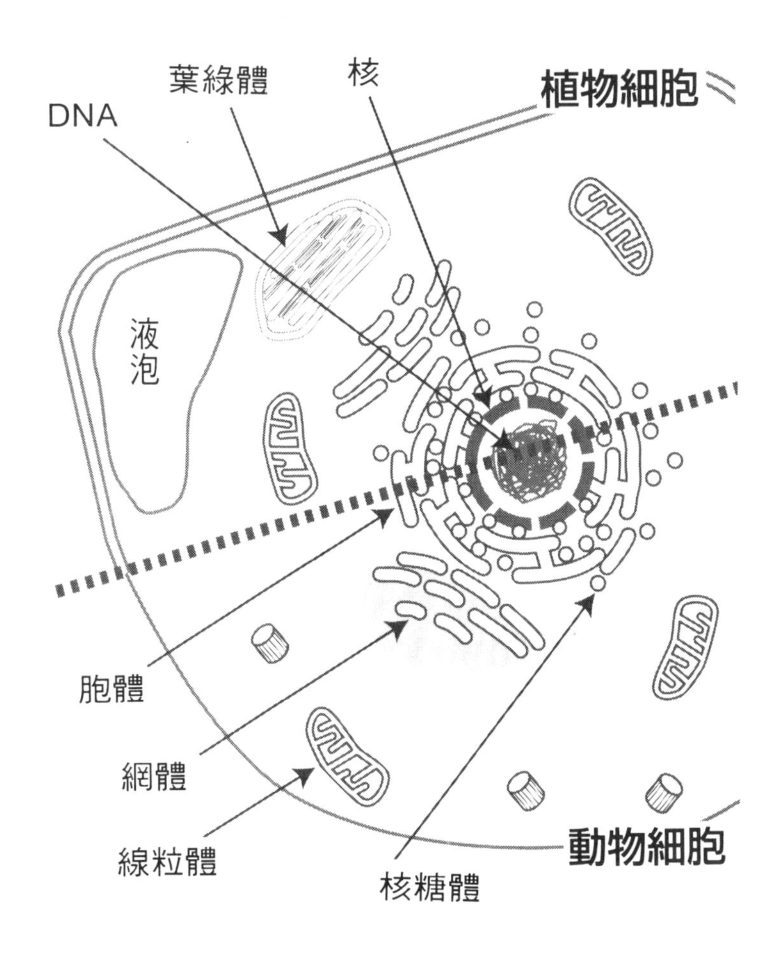

胞體：從核糖體將蛋白質送入網體

網體：使蛋白質成為能溶於水的物質→送往全身

所構成的。

DNA塞滿於細胞**核**中。核以外的**細胞質**的部分，則有基於DNA的遺傳資料合成蛋白質的*(**核糖體**)，以及產生熱量的*(**線粒體**)等維持生命所需的器官。這些器官稱爲**細胞器**（細胞內小器官），我們到了最近才逐漸了解其各個構造及功能。

◆保護DNA的細胞核產生複雜的生物

生物的分類方式很多，大致的分類法是*(**原核生物**)與*(**真核生物**)。這是以細胞中是否有核來加以區分的方法。原核生物沒有核，真核生物有核。

爲什麼原核生物沒有核，而真核生物有核呢？這是因爲真核生物的DNA太長，因此，必須要收集在一處加以保護的緣故。因爲受到保護，所以DNA進化到更複雜的地步。

但是，並不是說原核生物就比真核生物差。因爲身爲生物的它們，比真核生物具有更悠久的歷史，即使在現在，依然維持遠古時代的姿態，也可以說是這種生物已經完成的姿態。

***核糖體**
↓參照四十一頁

***線粒體**
↓參照次項

***原核生物**
是指大腸菌、乳酸菌等的細菌以及藍藻類。全都是單細胞生物。

***真核生物**
原核生物以外的植物以及所有的動物。像阿米巴原蟲或草履蟲等，都是單細胞動物。

DNA 原核生物無核！

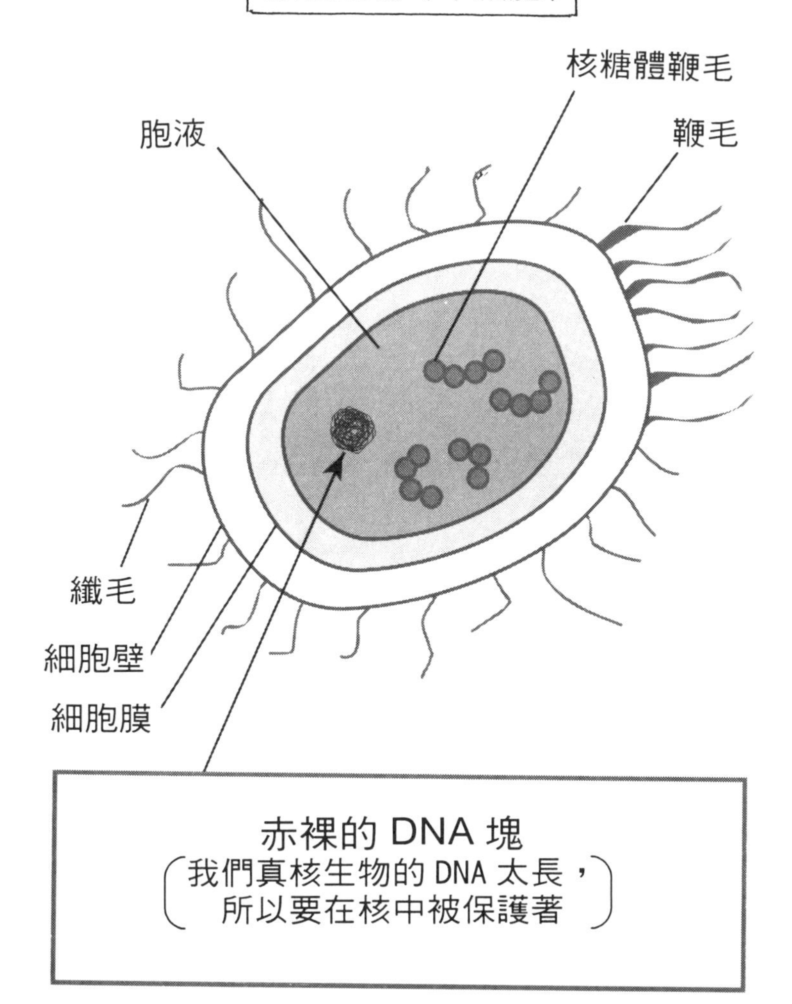
原核生物（單細胞）
核糖體鞭毛
胞液
鞭毛
纖毛
細胞壁
細胞膜
赤裸的 DNA 塊
（我們真核生物的 DNA 太長，
所以要在核中被保護著）

7 擁有單獨DNA的線粒體之謎

細胞內的線粒體是個別獨立的生物！

◆細胞是不同生物的集合體嗎？

拍成恐怖電影的小說『*Parasite Eve』中一躍成名的**線粒體**，在小說中被描述成具有意志的生物。實際上，線粒體在細胞內是能夠產生能量的細胞內小器官「細胞器」。

線粒體在遠古時代就已經進入細胞中，有人說它是完全不同的生物，稱之爲*****細胞內共生說**。「共生」是指像螞蟻和蚜蟲、寄居蟹和海葵一樣，不同種類的生物互相借助彼此的力量而生活的意思。換言之，雖然現在的各種細胞和線粒體是完全不同的生物，但是不知道從什麼時候開始共生，成爲今日的形態。

◆植物的葉綠體也是共生生物嗎？

Parasite 是指「寄生蟲」，與其說線粒體是寄生蟲，還不如說是「共生生物」。其有力的證明就是，線粒體擁有和核內的DNA完全不同的*****線粒體DNA**。但是，線粒體單憑自己所擁有的DNA無法增殖，必須借助核內DNA的力量才能夠增殖。就好像被核內的D

*『Parasite Eve』
以大膽的故事描述體內線粒體支配心靈的小說。得到日本恐怖小說大賞，作者是瀨名秀明。

*細胞內共生說
一九六七年，美國女科學家琳・瑪爾格里斯所提出的學說。發展為後來的Gaia（希臘神話中的大地女神）假設。

*線粒體DNA
追蹤這個DNA的地域性變化，結果提出現代人的祖先都是二十萬年前在非洲出現的「線粒體夏娃說」。
↓參照一三四頁

DNA 線粒體的構造

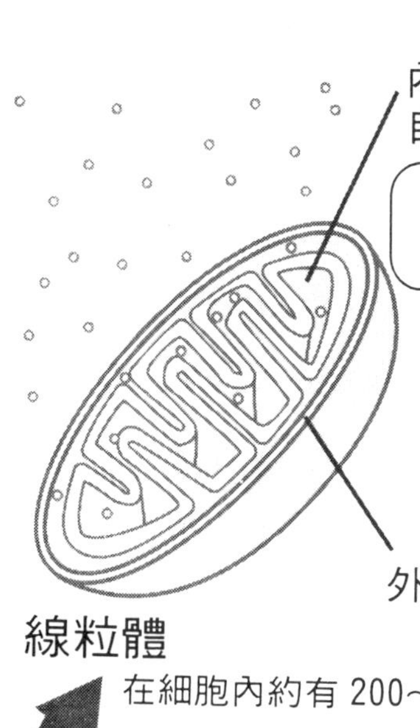

內側由線粒體DNA
自行製造
（這個藉著皺摺使得表面
積增大，是能夠大量進
行呼吸反應的構造）

外側則與核的 DNA 相連

線粒體

在細胞內約有 200～2000 個

有一個與核內 DNA 不同的
自己的 DNA 在細胞內增殖

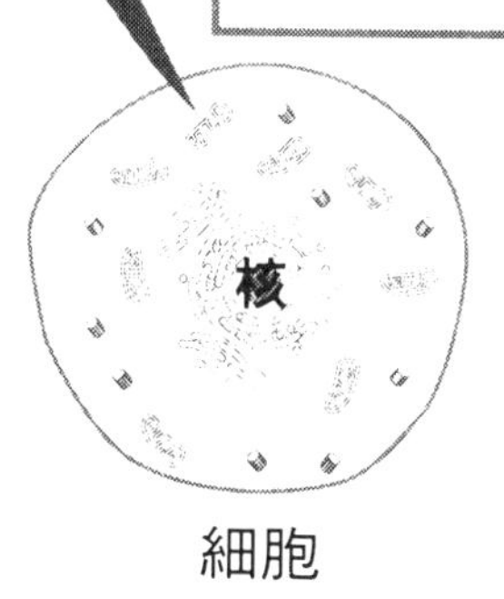

細胞

NA所供養一樣。

植物細胞中的*葉綠體也具有獨自的DNA，似乎也和植物細胞有共生關係。

◆動物與植物全都要依賴線粒體供給熱量！

在發動車子時，要使用燃燒引擎時所產生的能量。同樣的，生物在進行生命活動或運動時也需要熱量。而我們是以食物爲熱量來代替汽油。

我們將食物消化、分解，燃燒之後得到熱量。但是，最初的燃燒，並不像汽油燃燒一樣需要熱。如果像燃燒汽油一樣產生熱，那麼生物體就會被燃燒成灰燼了。

生物發現了不需要使用熱就能夠得到熱量的方法，那就是*呼吸。掌管呼吸的就是線粒體。通常在一個細胞當中，有二百到二千個線粒體。我們爲了維持生存而製造熱量的能力，必須要依賴線粒體的DNA。

不論動物或植物，地球上所有的生物都使用線粒體所製造出來的能量。像三十六頁曾經提到過遺傳密碼的共通性，這一點也可以說明地球上所有生物都是最初單細胞生物的子孫。

***葉綠體**

動物從食物中攝取必要的營養(有機物)，而植物則藉著葉綠體的作用，經由水、陽光及二氧化碳(無機物)，靠自己的力量合成營養(光合作用)。

***呼吸(氧呼吸)**

平常我們所說的呼吸是指吸氣、吐氣。生物學所說的「呼吸」，是指將分解的營養素用氧來燃燒(氧化)的化學反應。

DNA 何謂細胞內共生說？

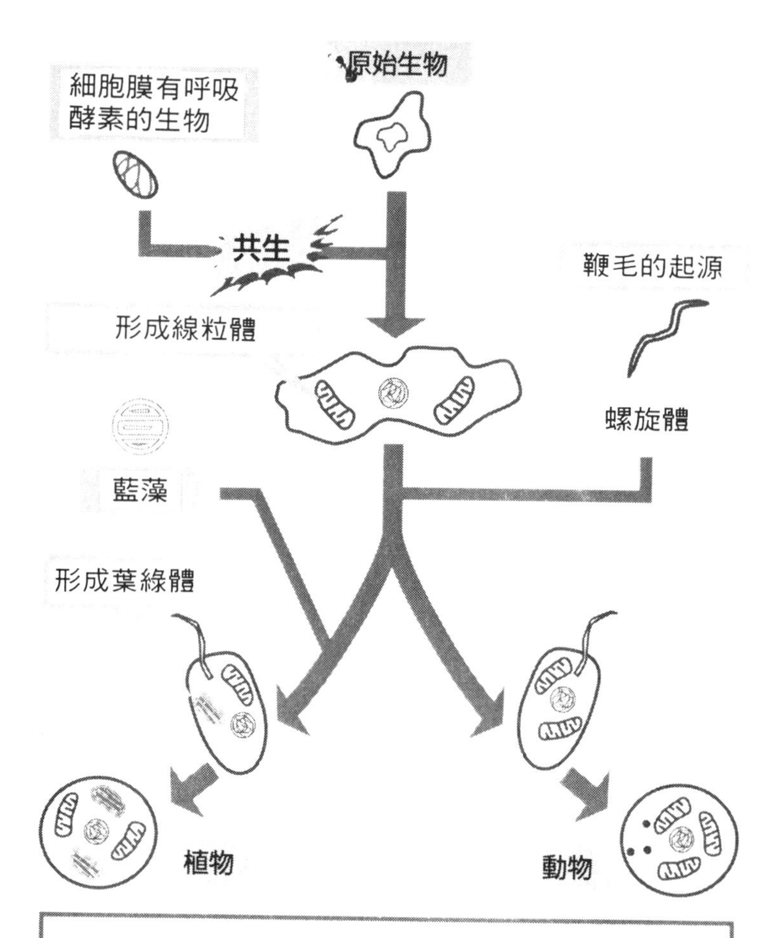

細胞內共生說是指在遙遠的往昔，線粒體被吸收到不同的生物細胞當中與其共生的說法。

8 病毒是介於生物與物質之間的中間體

雖擁有基因卻無法自我增殖的神奇物體

◆細菌與病毒是似是而非的東西！

感冒是由**流行性感冒病毒**所引起的，在現在是沒有特效藥的疾病。那麼，流行性感冒病毒等**病毒**到底是什麼呢？

與病毒同樣會造成傳染病的就是**細菌**。通常我們將兩者合稱為「微生物」，但是病毒和細菌是不是不同的東西呢？

細胞是生命的最小單位。如果再繼續分解，將無法自行進行生命活動，也就不能夠稱為生命了。關於這一點，細菌全都是單細胞生物，而且具有生命的機能。

不過，病毒與細菌相比卻有顯著的不同，最大的差距就是大小。最小的細菌為一～三微米，但是，病毒大概只有二十～三百毫微米（毫微米是毫米的一百萬分之一）。

從病毒的構成來看，它只是ＤＮＡ以及包住ＤＮＡ的蛋白質而已。到底能不能稱為生物，目前還無法決定。

DNA 病毒與細菌是完全不同的東西！

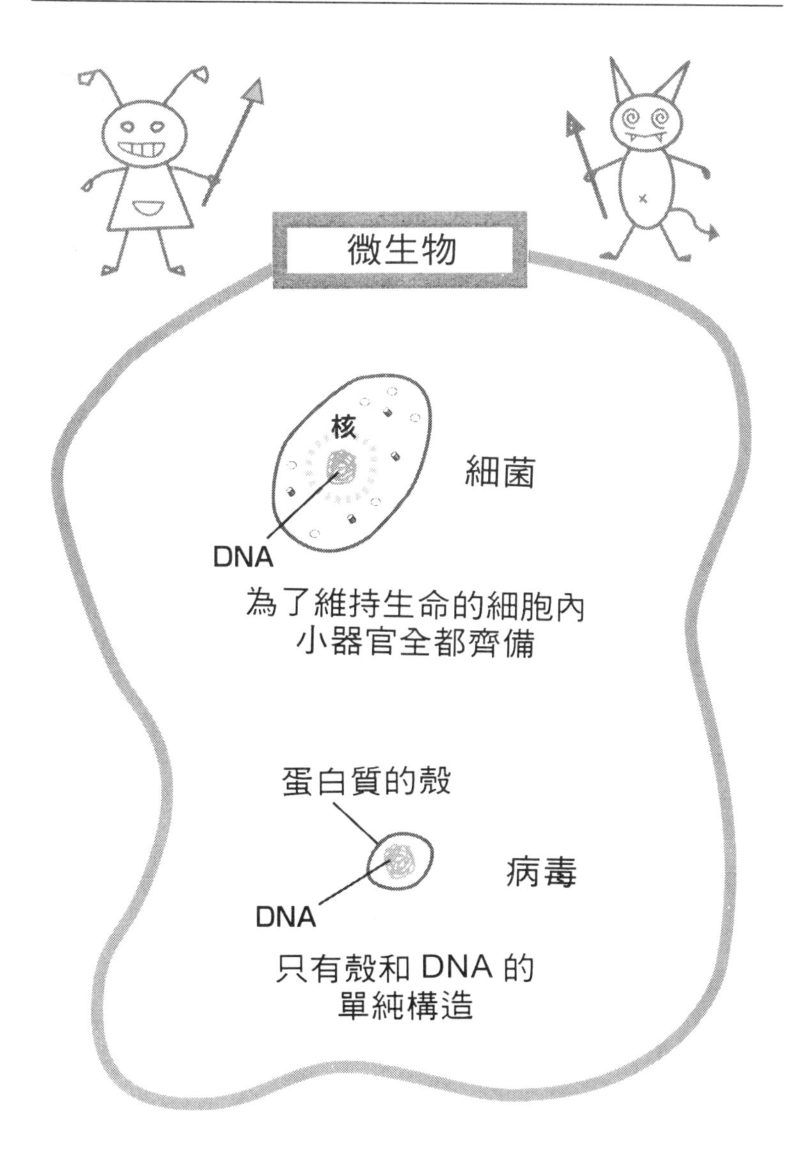

◆無法自己做成任何事的DNA與蛋白質塊

病毒只能在細菌和動植物的細胞中增殖。尤其感染細菌的病毒稱爲**細菌噬菌體**。總之，病毒在細胞之外時沒有任何變化，和普通物質相同。

但是，病毒增殖的方法非常巧妙。

首先是附著於宿主細胞的病毒，將自己的DNA好像注射似的注入細胞中。進入細胞中的DNA，會強行進入宿主細胞的DNA中增殖。增殖到某種程度時，會突破宿主細胞的細胞膜而飛出。這時宿主細胞已經遭到極大的破壞。

飛出的病毒在到達其他的宿主細胞之前，只不過是什麼事都辦不成的DNA及蛋白質塊而已。

這種介於生物與非生物間的奇妙物體，就是病毒的真相。

◆愛滋病的基因是RNA而非DNA

同樣是病毒，但是*愛滋病毒等的基因不是DNA，而是RNA，稱爲*逆行病毒。它會利用宿主細胞中的**逆複製酵素**，從RNA合成DNA，然後DNA再進入宿主細胞內增殖。

***愛滋病毒**
↓參照一九八頁

***逆行病毒**
通常是由DNA製造RNA（參照三十六頁），但是逆行病毒則是反過來由RNA製造DNA。
↓參照二〇二頁

DNA 病毒利用宿主細胞增殖

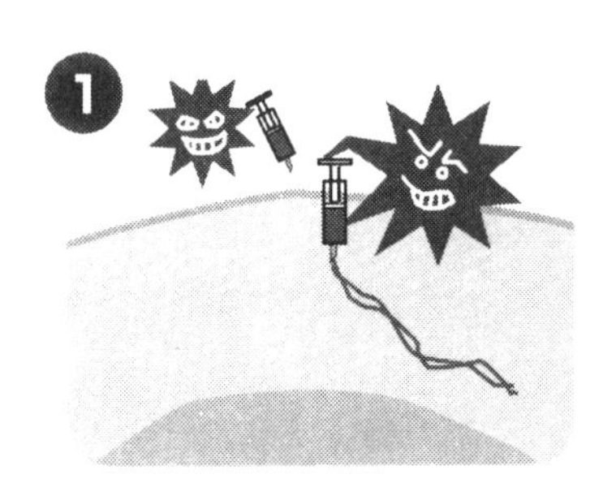

附著於宿主細胞，注入病毒 DNA

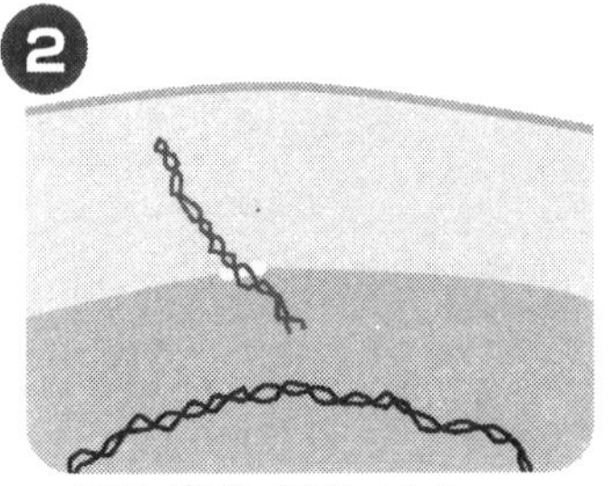

DNA 進入細胞核內

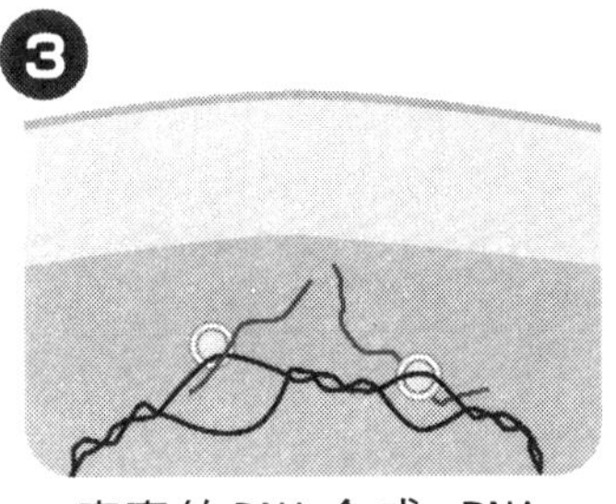

病毒的 DNA 合成 mRNA

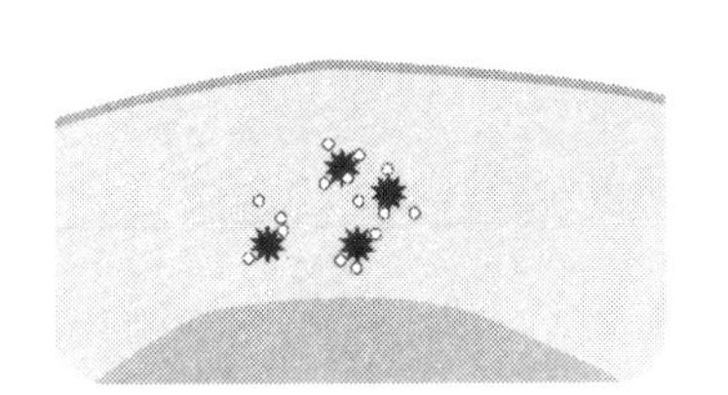

利用宿主細胞的核糖體合成病毒蛋白

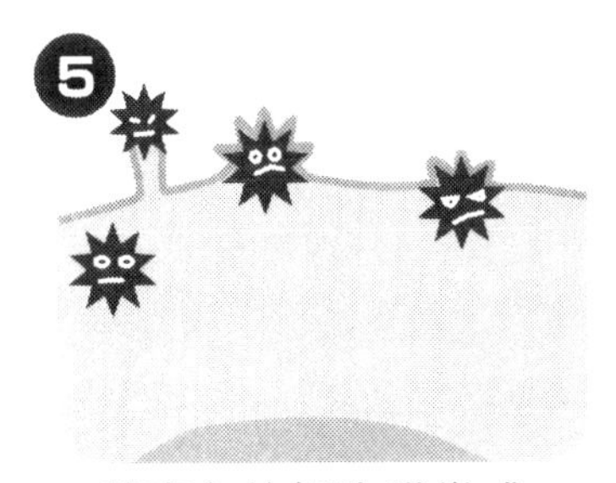

將宿主的細胞膜當成自己的表面膜突出於外（發芽）

藉著大量病毒的發芽，使得宿主細胞遭到破壞

目前已知的遺傳構造

基因支配我們的行動與性格
到何種程度？

★ＤＮＡ萬能說是不是真的？
★何謂遺傳的基本法則「孟德爾法則」？
★遺傳病是如何發生的？
★為什麼近親結婚不宜？
★從血型可以了解性格嗎？
★肥胖也是基因造成的嗎？
★性格和ＩＱ也會遺傳嗎？

1 DNA萬能說是不是真的？

「基因」是受環境和偶然所影響的程式！

◆個性是由基因、環境與偶然決定的

擁有相同DNA的人，會是同一個人嗎？

擁有相同基因的個體，稱爲*複製。事實上，像*同卵雙胞胎是完全的複製人，但是，並不能成爲完全相同的人。美國調查在個別環境中成長的雙胞胎，發現環境還是會影響體型和性格。

如果是完全相同的人，例如，擁有完全相同DNA的雙胞胎，則從生到死應該都擁有完全相同的體驗。

腦細胞的配置大致是由基因來決定的，但是，各種腦細胞相連的方式則必須依賴「偶然」。此外，免疫系統*淋巴球細胞也會隨意重新排列DNA，希望即使在感染新的病原菌時也能夠「試製」出將其擊退的各種免疫力。

與其將DNA稱爲設計圖，還不如稱爲程式，會配合環境產生各種作動方式。生物遠比我們所想像的更爲靈活。確認了這一點之後，接著就來看遺傳的構造。

*複製 ↓參照一八八頁

*同卵雙胞胎
一個受精卵變成雙胞胎的情形。異卵雙胞胎則是兩個卵子與不同的精子受精形成的雙胞胎，有時會得到男女的組合。

*淋巴球 ↓參照一九八頁

同卵雙胞胎
哇——
DNA
DNA
完全相同的 DNA
但是 20 年後……
煙味好嗆
同卵雙胞胎是完全的複製人，
但是成長之後 DNA 程式的作動
方式完全不同！

2 何謂遺傳的基本法則「孟德爾法則」？

被視為怪人的神父孟德爾的大發現

◆發現遺傳法則的實驗

在還沒有發現基因DNA的構造之前，發現遺傳的最基本法則的是*孟德爾。我們來看看其概要。

大家透過教科書而認識的孟德爾，是一位非常喜歡科學的奧地利神父。他認為子女與父母相似，一定是因為從父母的身上遺傳了一些東西給子女。他不在意眾人怪異的眼光，而在修道院庭院中種植大量的豌豆做實驗。

他注意到豌豆讓人一目瞭然的特徵，其中之一就是豆子的形狀。他調查圓的豆子和有皺紋的豆子到底是如何遺傳的，結果發現了奇妙的法則性。

將圓形和有皺紋的二種純種豆子混合起來，第一代全都是圓的豆子。將第一代豆子以***自花授粉**的方式製造第二代，結果圓形豆子和有皺紋的豆子其比例為三比一。這到底意味著什麼呢？幾經思考之後，孟德爾終於得到了可以獲得諾貝爾獎的大發現。

＊孟德爾
一八二二～八四年。一八六六年發表著名的「孟德爾法則」，不過生前沒有人注意到該法則的重要性，在他死後的第十六年才終於被「再發現」。

＊自花授粉
雄蕊的花粉讓同株的雌蕊受粉的意思。在自然界裡，是藉著造訪各個花朵的蜜蜂或蝴蝶等來交配，並非以自花授粉的方式。

DNA 孟德爾的實驗

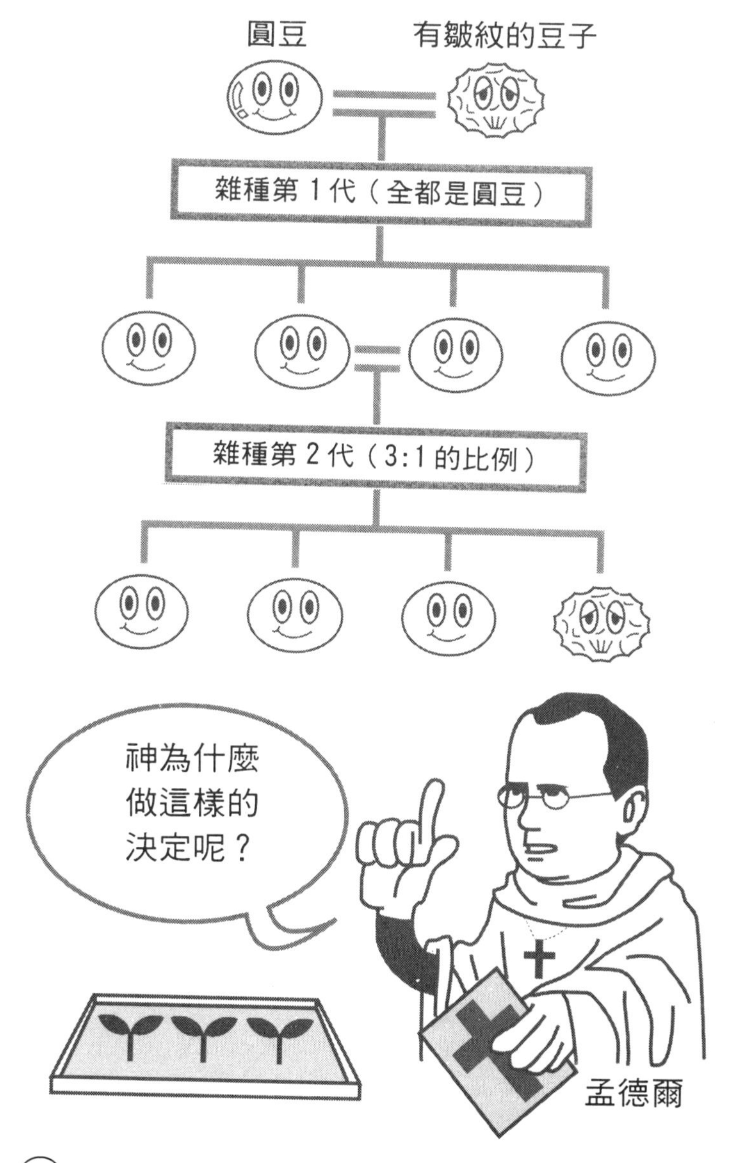

◆單純明快的孟德爾法則

孟德爾發現到的是非常單純的構造。

他是這麼想的。豆子有變成圓形的因子（假設爲A），以及讓豆子出現皺紋的因子（假設爲a）這二種。而遺傳時，各種豆子的因子由二個合成一對（例如AA或aa）。如果A（圓形）與a（有皺紋）爲一對，則A獲勝，豆子是圓的（這就是顯性法則）。

套到先前的實驗來看，圓形豆子擁有讓豆子變圓的因子AA一對，而有皺紋的豆子則擁有一對aa的因子。雄蕊的花粉、雌蕊的卵只有一對中的一個，經由授粉再次組成一對，將因子傳到下一代（**分離的法則**）。

A的雄蕊與a的雌蕊互相結合，全都變成Aa組合的豆子。這時A爲*顯性，所以全都是圓豆子。其次，如圖所示，擁有Aa因子的豆子互相結合，其下一代就會形成擁有AA、Aa或aa的因子。而其中會成爲帶有皺紋的豆子，則只有aa的組合而已。

因此，第二代圓豆和有皺紋的豆子的比例就變成三比一。

此外，孟德爾對豆子的「顏色」也進行同樣的實驗。發現豆子的顏色和形狀是完全不同的獨立遺傳（**獨立的法則**）。

後來經由觀察染色體，證明這些法則的正確性。

＊顯性　在這裡，A稱為顯性基因，a稱為隱性基因。但是這只不過是A比a優先發現而已，完全沒有「優劣」的意義。此外，有時會產生中間雜種，這時則稱為不完全顯性。

DNA 三種孟德爾法則！

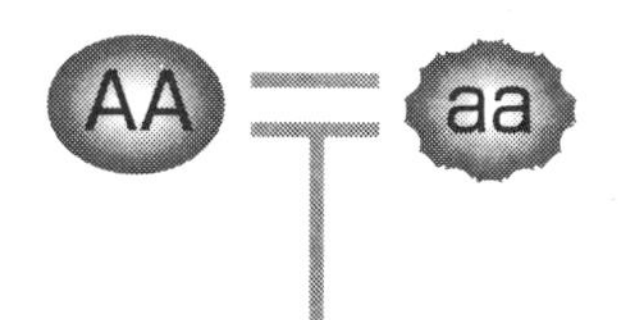

①顯性法則

圓豆與有皺紋的豆子交配，第一代全都是圓豆。
這是因為圓豆是顯性遺傳。

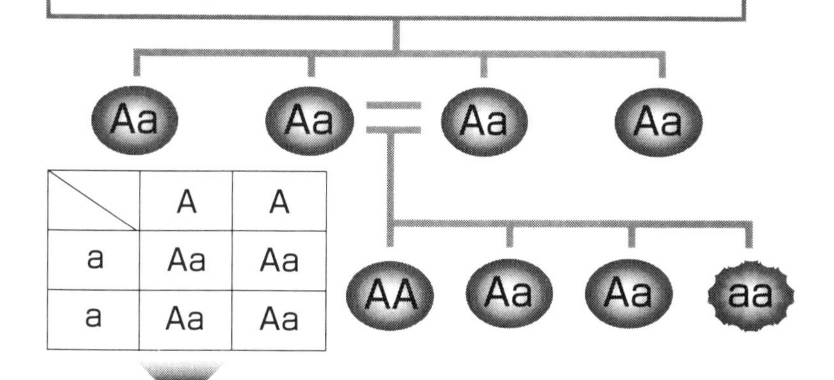

	A	A
a	Aa	Aa
a	Aa	Aa

②分離的法則

AA、Aa、aa 等因子，可以分離為 A 與 A、A 與 a、a 與 a 傳承到下一代。

	A	a
A	AA	Aa
a	Aa	aa

③獨立的法則

豆子的形狀、花的顏色、葉子的形狀等性質各自獨立遺傳給下一代。

3 基因是按照染色體來分配的！

生殖細胞只有一半的染色體！

◆體細胞與生殖細胞的不同

看到在結婚典禮上親人聚集的照片，會發現兩家的親人各自都有相像之處。當然，親人相像，是因爲擁有幾乎相同的DNA所致。那麼具體而言，DNA到底是如何分配的呢？

接下來就要探討父母傳給子女的遺傳話題。事實上，只要我們追蹤DNA束染色體的動向，就可以明顯的看出孟德爾所發現的遺傳法則。

首先要知道的是，細胞大致分爲二種，即*體細胞與生殖細胞。這兩者的作用完全不同。體細胞是構成身體各個部分的細胞，而生殖細胞則是負責製造子孫的細胞。就人類而言，卵巢製造卵子，精巢（睪丸）製造精子，都是生殖細胞。

◆生殖細胞只有半個人的成分

人類的體細胞的染色體共有四十六條，其中四十四條每二條爲一組，剩下的二條則是**性染色體**，也就是所謂的X染色體、Y染色

＊**體細胞**　包括肌肉細胞、腦細胞等在決定好的位置上的細胞，以及紅血球、白血球等在體內循環的細胞。

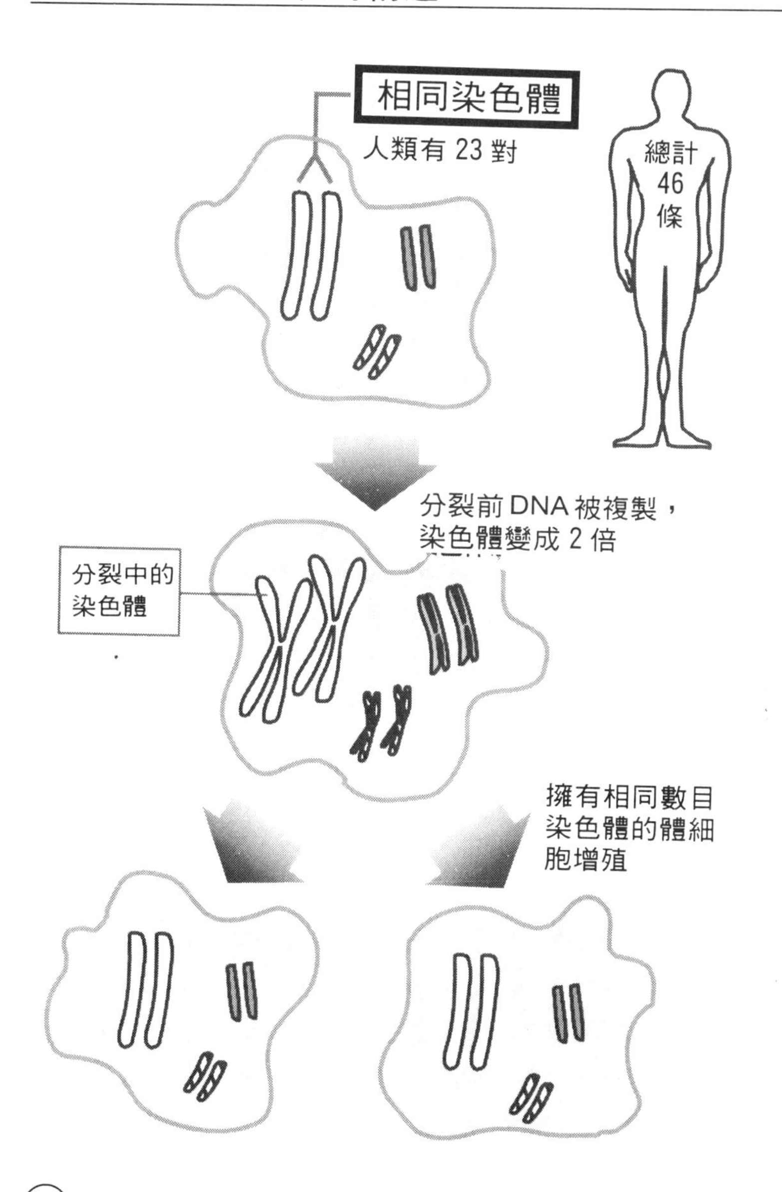
相同染色體
人類有 23 對
總計
46
條
分裂前 DNA 被複製，
染色體變成 2 倍
分裂中的
染色體
擁有相同數目
染色體的體細
胞增殖

體。如果有二條X染色體，也就是「XX」，即爲雌性。如果X與Y各爲一條，也就是「XY」，則爲雄性。

在PART1提過，體細胞在分裂（增殖）時會複製所有的DNA。於是染色體增加爲二倍，然後再各自分裂，變成二個細胞。分裂的二個細胞一定會複製相同的DNA。

但是，生殖細胞則只有一半，也就是二十三條染色體，當然也只有一半的DNA。這時染色體的一對分成一半，形成二個生殖細胞。

生殖細胞特有的分裂方式稱爲*減數分裂。這也和子女各自承襲來自父母的一半DNA的現象有關。也就是說，受精時卵子和精子合而爲一，這時才擁有完整的四十六條染色體。

◆性別是由精子來決定的

體細胞有二條性染色體，而生殖細胞只有一條。

母親體細胞擁有的是一對XX染色體，卵子的性染色體只有X。而父親的一對XY染色體當中，精子的性染色體各爲X與Y。如果X精子受精，就會生下XX的雌性生物。如果是Y精子受精，則會生下XY的雄性生物。

所以，生下的孩子的性別是由精子來決定的。

＊減數分裂

染色體的數目減少為一半，稱為減數分裂。染色體增加為二倍，然後再分裂為二個體細胞，則稱為「體細胞分裂」。

DNA 減數分裂與受精的構造

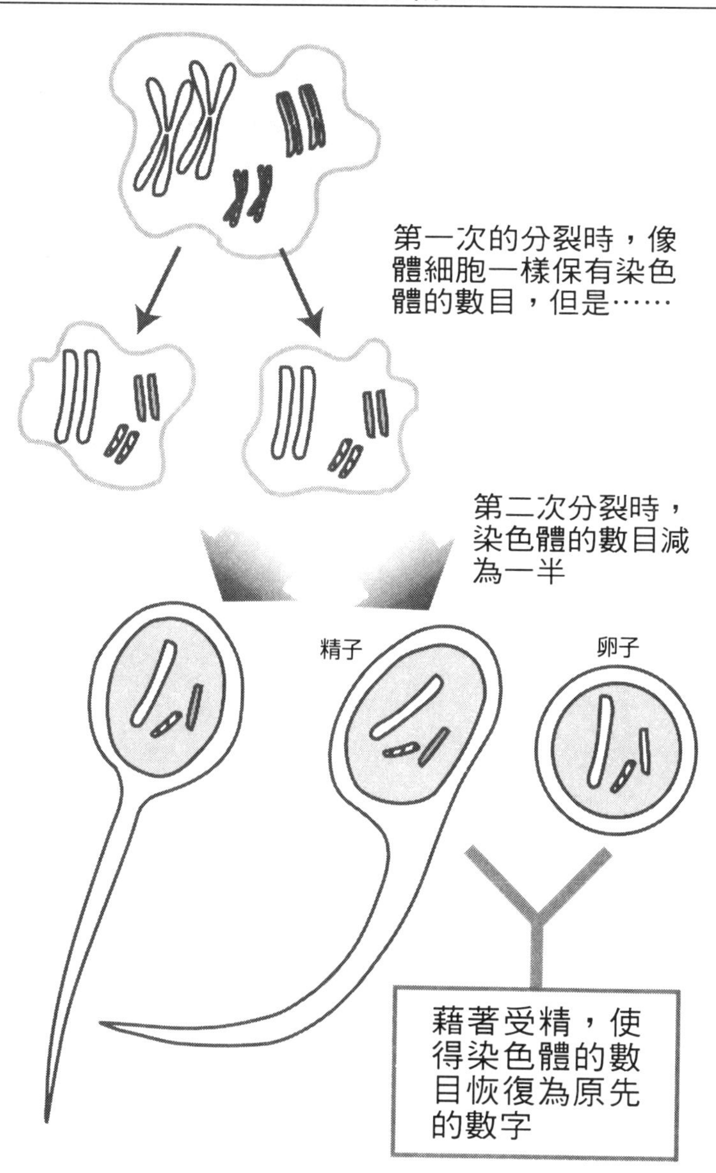

4 為什麼沒有和「我」一模一樣的人呢？

生殖細胞的二十三條染色體是隨機來自父方與母方

◆親兄弟相同染色體組合的機率也只有七十兆分之一！

除了同卵雙胞胎之外，我們每一個人的DNA都稍微有點差距。這並不是突變造成的，而是**有性生殖**造成的「基因一團亂」的現象。

人類擁有二十三對染色體，一對染色體是由分別來自父親與母親的一條染色體組合而成的。精子與卵子一對當中則有分別來自父親及母親的染色體，而到底是來自於父方或母方，在二十三組染色體當中都相當的混亂。

進入一個精子的染色體的組合形態到底有多少呢？染色體的組合有二十三對，每一對都分成二個，二的二十三次方大約有八四〇萬種的組合。

卵子也是一樣。因此就算是兄弟，擁有完全相同染色體組合的機率也只有七十兆分之一。雖然兄弟的染色體有一半是共通的，但是不管哪一個染色體，都會有各種不同的變化。

個性豐富的生殖細胞

體細胞

任何體細胞都擁有相同染色體的組合

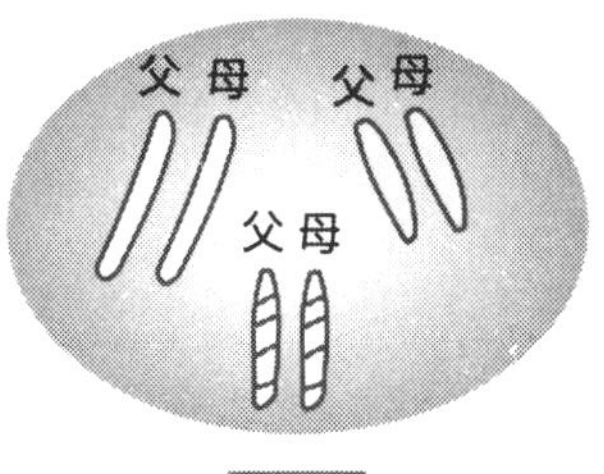

生殖細胞（精子或卵子）

以人類而言，染色體的組合約有840萬種

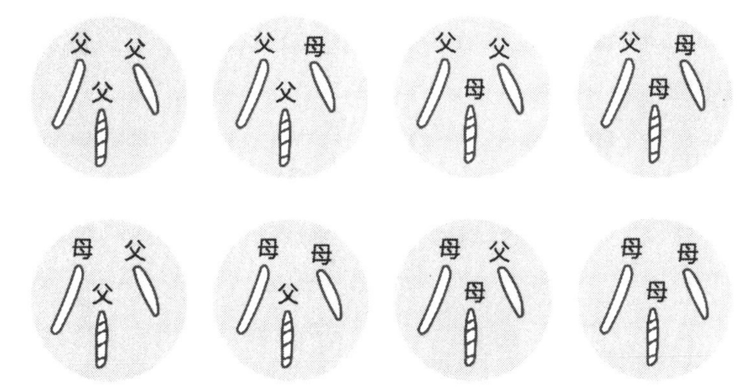

即使染色體只有三對，
但是也有 $2\times2\times2=2^3=8$ 種。
人類的染色體有 23 對，因此有
2^{23}＝約 840 萬種！

◆染色體的一部分會互換！

所以，就算沒有和自己完全一樣的染色體，應該也沒有什麼奇怪吧！

但是，在減數分裂時，還有一個機關。

亦即來自母親和父親的染色體之間會進行一部分的互換，稱爲**重組**。以精子而言，二十三對染色體的某處，確認大約有五十處會出現重組的現象。而且各精子出現重組的場所各有不同。所以，實際上一名男子可以製造出來的精子種類不止八四〇萬種。

關於卵子的情形目前尙未確認，但是，可能也會出現相同的重組現象。因此，一對伴侶之間會有許多不同情形的組合。

◆很多特徵是後天決定的

擁有同樣DNA的同卵雙胞胎，雖然長得一模一樣，但是完全是兩個不同的個體，性格或過敏等體質大都是由後天決定的。極端而言，即使染色體是XY，但是，依荷爾蒙系統功能的不同，甚至有可能在身心兩方面都成長爲完美的女性。

我們個性的多樣性，就是藉著這個精妙的構造製造出來的。

DNA 何謂染色體的重組

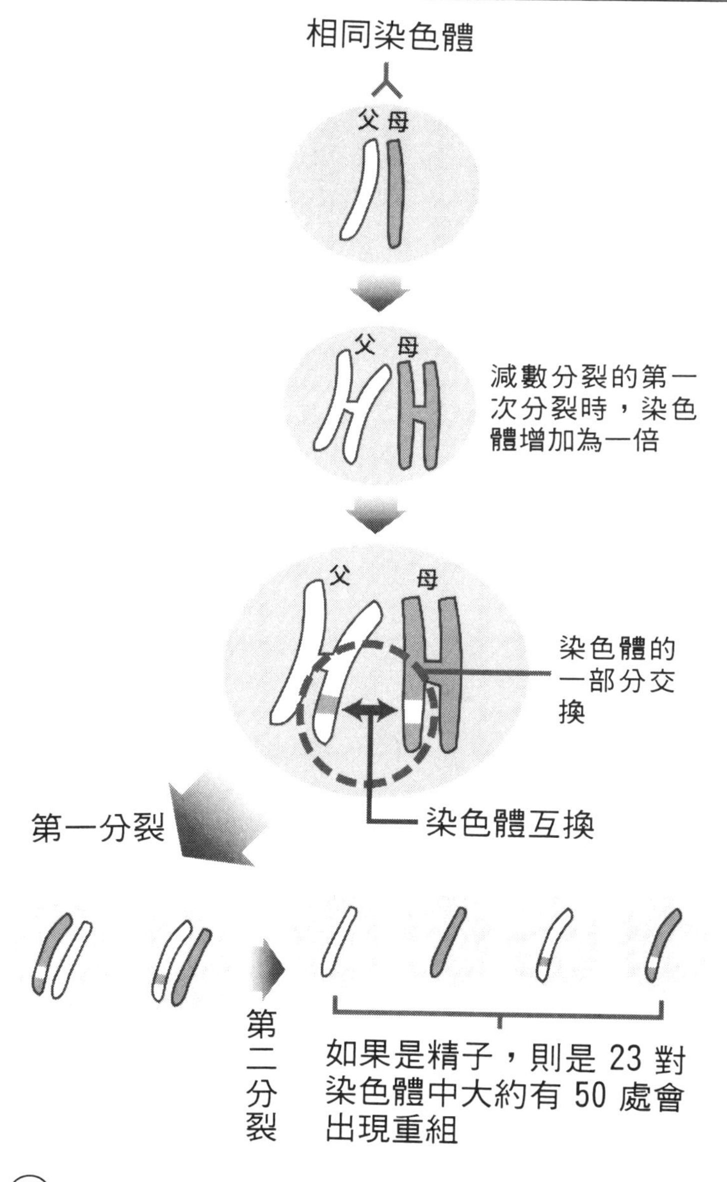

5 遺傳病是如何發生的？

「顯性」、「隱性」或「帶原者」到底是什麼意思？

現在，講到目前爲止的內容，以我們經常使用的生物學用語來整理一下。

◆染色體在同一個地方擁有「等位基因」！

首先，性染色體以外的二十二組染色體稱爲＊**同種染色體**。而各個同種染色體，在相同的位置上存在著與相同＊**形質**相關的基因。所謂形質，就是在孟德爾的故事中提到的豆子的形狀或顏色等特徵。

豆子的形狀，包括使豆子變成圓形的基因與出現皺紋的基因，稱爲**等位基因**，通常一方爲顯性，另一方爲隱性。

◆沒有發病卻有「帶原者」可能性的遺傳病

疾病通常是由細菌或病毒等引起的，但是，也有一些是因爲基因異常而引起的疾病。造成疾病原因的基因，也有顯性和隱性之別。

顯性遺傳，是指只要從父母任何一方接受基因（異質）就會發病的疾病。

隱性遺傳，則是指必須要接受來自於父母雙方的基因（同質）

＊同種染色體

女性性染色體為XX，是相同的，稱為同種染色體。

＊形質

遺傳的形質稱為「遺傳形質」。藉著基因的作用表現其特徵，則稱為「形質發現」。發現的特徵則稱為「表現形」。

DNA 人類的等位基因

形質		顯性遺傳	隱性遺傳
形質	眼睛的顏色	黑、茶	灰、藍
	眼瞼	雙眼皮	單眼皮
	耳垢	濕的	乾的
	舌	捲舌	不能捲舌

才會發病。如果只接受來自一方的基因，那麼藉著另一方正常的等位基因就可以防止發病。但是，這時還是擁有這種基因的狀態，所以稱爲*帶原者。

◆男性特有的「性聯遺傳」

如果成爲疾病原因的基因存在於X染色體，那麼情況就有點不同了。

女性擁有二個X染色體，即使任何一方有成爲發病原因的基因（隱性），但是只要等位基因正常就不會發病。

問題在於男性。男性性染色體的組合是XY，因此即使存在於X染色體的基因是隱性，也會發病。像最有名的紅綠色盲，就是男性較多見的疾病。

這就是較容易出現在男性身上的遺傳，稱爲**性聯遺傳**。

◆三聯體重複

在遺傳病當中備受矚目的是「三聯體重複」現象。

DNA當中有反覆出現同樣的鹼基排列的部分。通常只是無意義的反覆，但是，如果特定的基因反覆出現，就會形成遺傳病。

像慢性進行性遺傳舞蹈病的患者，其第四染色體的「CAG」排列反覆四十次以上。正常人只會反覆十到三十次。而爲什麼反覆到四十次以上就會發病，目前真相不明。

*帶原者（carrier）
是指遺傳病或傳染病的帶原者。原意為「運送者」。如果遺傳病藉著帶原者在世代間運送，就可能造成隔代遺傳。

DNA 遺傳病有2種！

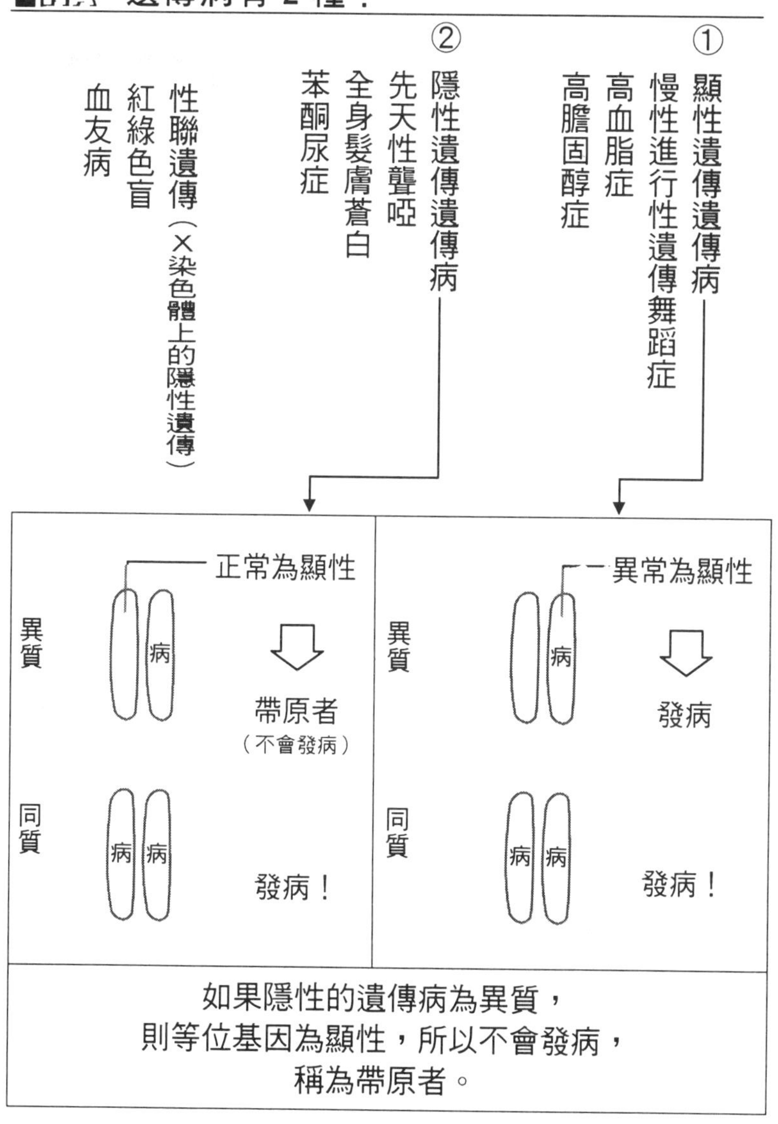

如果隱性的遺傳病為異質，
則等位基因為顯性，所以不會發病，
稱為帶原者。

6 為什麼近親結婚不宜？

同族結婚不僅容易引起隱性遺傳病而已！

◆近親結婚與遺傳病的危險性

現在的法律不允許表兄妹結婚。

爲什麼要禁止近親結婚呢？撇開倫理的觀念不談，基於遺傳學的觀點來說，也是重大的考量。

同族的人有很多共通基因。因此，擁有相同缺陷基因的可能性當然也很高。也就是說，雖然一族中的每個人看起來都很正常，但是持續同族結婚，有可能會因爲**隔代遺傳**而使子孫發病。如果父母兩人都是某種遺傳病的帶原者，則生下的孩子發病機率就相當高了。

◆「雜種的生命力較強」是真的

一般來說，「雜種的生命力較強」。

這是因爲以往同族所沒有的生命力的強力基因，混合在一起的機會增加的緣故。

事實上，在德國調查奧運選手的家族系統，發現有很多人其父母的出生地都相隔很遠。

為什麼近親結婚很危險？

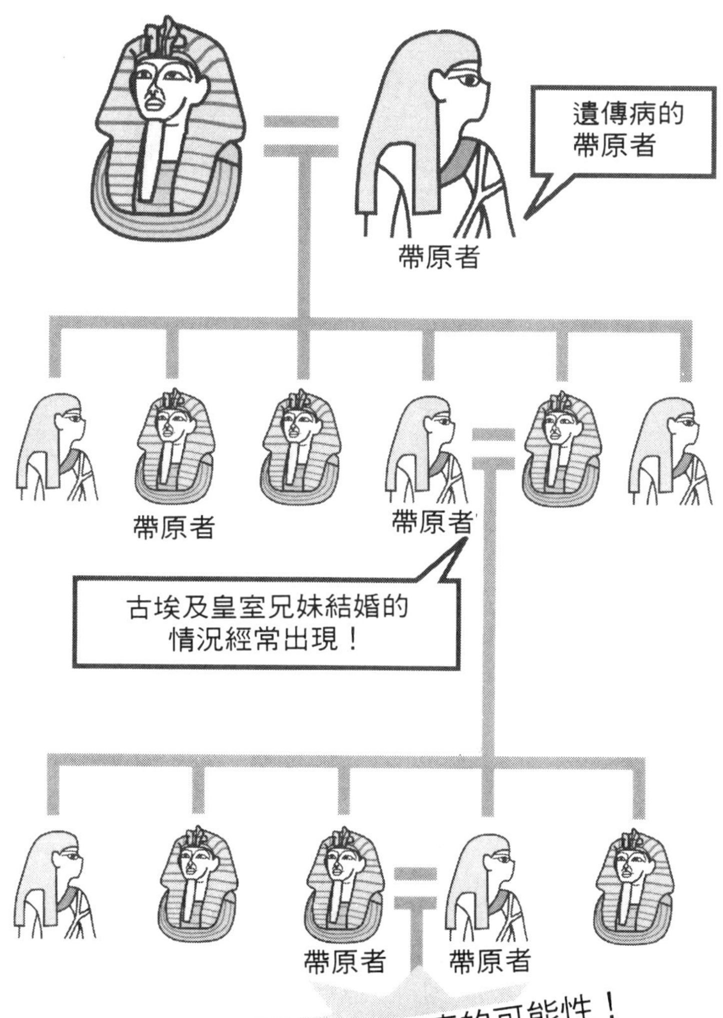

7 染色體的數目不同會出現什麼情況？

一旦生殖細胞分裂失敗就會引起「染色體異常」！

◆染色體的數目很多！

DNA異常，是原因出在染色體的疾病，而**染色體異常**也是。大家所熟悉的就是「唐氏症」。唐氏症是第二十一號染色體有三條而引起的。通常應該只有二條，為什麼會出現三條而引起這種疾病，目前真相不明。但是，推測可能是一些蛋白質過剩製造而引起一些障礙造成的。

與唐氏症相反的，則是染色體數目較少也會引起一些疾病，例如「特納症候群」這種疾病。通常應該是XX或XY的性染色體，結果卻只有一個X而已。

染色體的數目太多或太少，都會形成疾病。

◆太多的染色體異常會導致流產

染色體異常，是因為生殖細胞在進行減數分裂時，無法順利分裂而造成的。

染色體異常這類基因的異常，超乎我們的想像，發生的例子相當的多。如果出現危及生存的異常，則即使受精，也可能立刻自然流產。

關於唐氏症，如果是高齡生產，則出生嬰兒罹患唐氏症的機率更高。這是因爲高齡女性的生殖細胞在減數分裂時容易出錯的緣故。

DNA 何謂染色體異常？

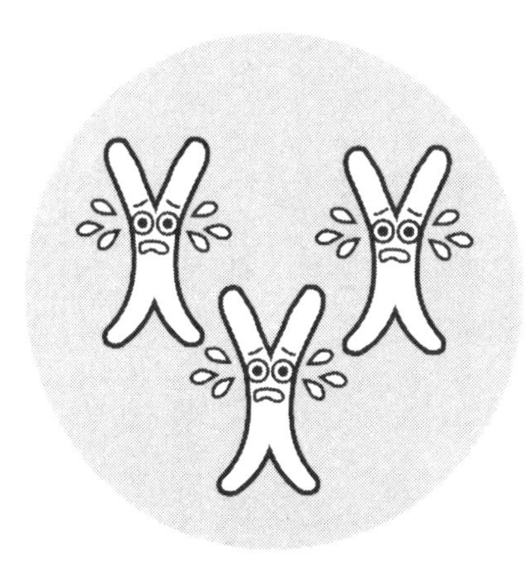

唐氏症是
第 21 號染色體多了一條

特納症候群則是
只有一條性染色體

8 男與女只有一紙之隔！

人的基本型是女性，Y染色體勉強製造男性

◆如果性染色體是XXY，則會變成男人還是女人？

從基因的觀點來看，如果性染色體的組合爲XX，就是女性，如果爲XY，就是男性。

但是，有時候染色體異常，導致多了一條性染色體，形成XXY的組合（也就是說共有四十七條染色體）。擁有這類染色體的人，到底是男性還是女性呢？

擁有二條X染色體是女性，而擁有Y染色體應該是男性。因此，即使是XXY的組合，也一樣會成長爲男性。

也就是說，就算多了幾條X染色體，但只要有一條Y染色體，就會成爲男性。

◆基本上人在製造時原本是女性！

Y染色體上面有**SRY基因**。SRY基因是具有製造睪丸開關作用的基因。胎兒最初擁有**米勒管**（副中腎管）以及**沃爾夫管**（中腎管）這些器官。米勒管成長之後，形成輸卵管和子宮，沃爾夫管則形成輸精管和精囊。當睪丸開始製造男性荷爾蒙時，沃爾夫管發

DNA Y染色體創造男性

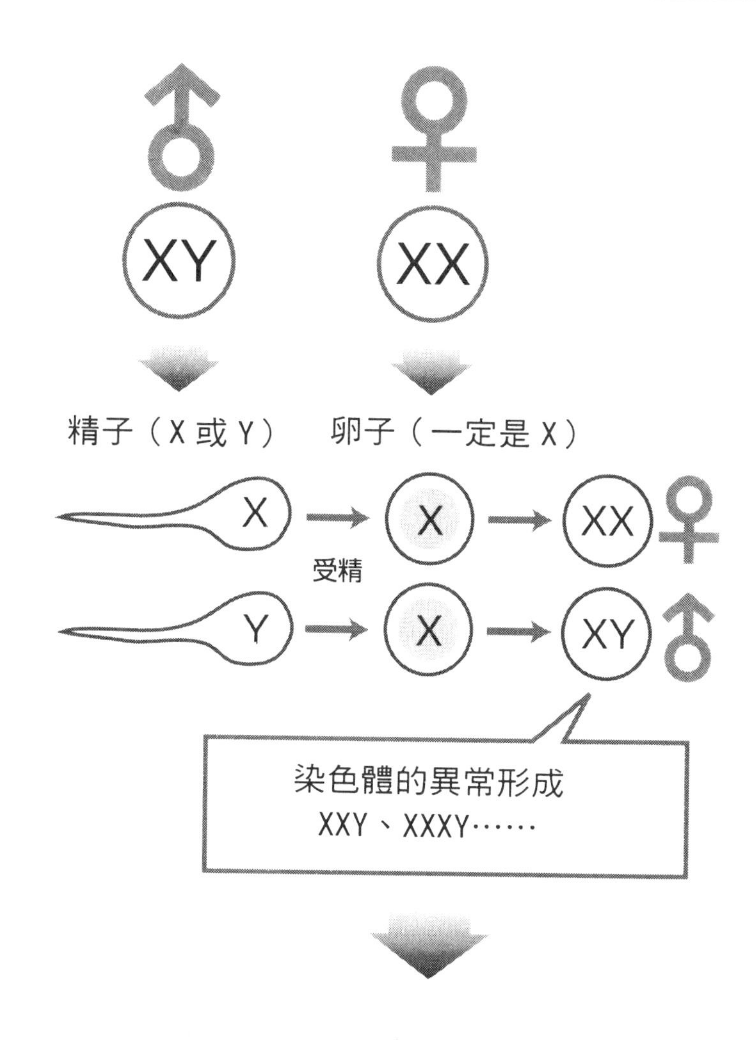

只要有一個Y染色體就會成為男性！

達，米勒管就會消滅。

如果沒有Y染色體，則米勒管就會發達，成長爲女性。

也就是說，如果沒有SRY基因這種勉強製造出男性的基因，那麼我們就全都會是女性。不僅如此，Y染色體中只有製造男性的基因，而X染色體中卻有生存不可或缺的基因。

◆性別是由荷爾蒙來決定的

但是，染色體爲XY也有可能是男性，只是外表上看起來是女性。事實上，性別不光是靠染色體來決定的。Y染色體的作用只到製造出睪丸爲止，然後就由睪丸分泌出*男性荷爾蒙來製造出男性。

但是，有的人由於基因異常，對於男性荷爾蒙完全沒有反應（睪丸性女性化症）。這時，睪丸埋入體內，外表及心理都像女性，但是不能夠懷孕。以前認爲這樣的人沒有資格擔任女性運動選手，但是，現在則完全承認她是女性。

此外，原本應該在Y染色體上的SRY基因，在減數分裂時因爲錯誤而附著在X染色體上，這時即使染色體是XX，但還是會成爲男性。而如果失去SRY基因的Y染色體存在於體內，則即使是XY，也會變成女性。

男女的性別，會因爲小小的原因而產生很大的差距。

*男性荷爾蒙　雄激素等。

DNA 何謂XY的女性與XX的男性？

即使是XY也會成為女性！

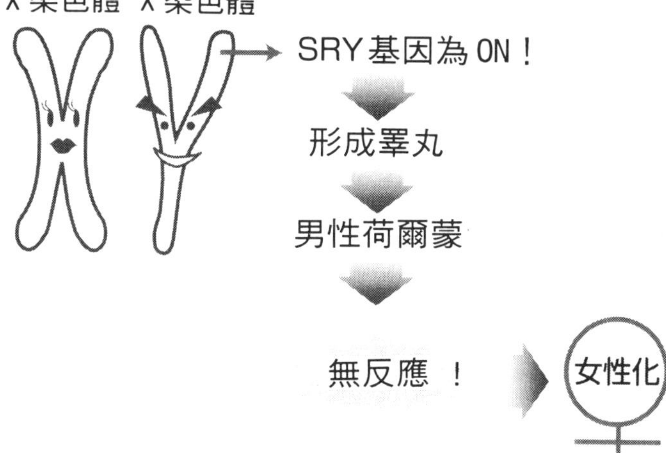

即使是XX也會成為男性！

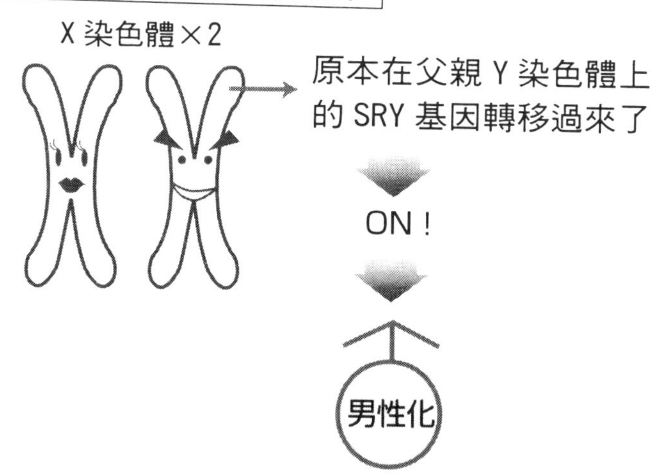

9 從血型可以了解性格嗎？

輸血時除了要注意ABO型之外，還有三十幾種分類法

◆輸血比性格更需要分類

曾有一陣子非常流行血型占卜，各位也許覺得很準。不過A型或B型的血液到底有什麼不同呢？

ABO型血型是以紅血球的不同來分類的。紅血球是一種細胞，表面是由糖蛋白成分呈枝狀伸出。血型是以枝的形狀來決定的。A型人或B型人等只有這點不同而已，光靠這個並不能決定一個人的性格。

但是，血型的確是由父母遺傳給子女的。事實上，血型除了ABO型之外，還有三十多種分類方法。然而爲什麼特別要了解ABO型呢？因爲在輸血時需要鑑定血型。

A型血型中含有對抗B型的*抗體，如果輸入B型血液，血液就會凝固。相反的，B型血液中也含有對抗A型的抗體，也會出現同樣的現象。而O型對於A、B、AB型任何抗體都不會產生反應，因此可以輸血給任何人。相反的，AB型對於其他三種血型都會產生抗體反應，所以不能輸血給任何人。

*抗體 ↓參照一九八頁

DNA 子女的血型

A、B與0 三種等位基因中，A與B為顯性基因，0為隱性基因。

母＼父		A型				B型				AB型		0型	
		A	A	A	0	B	B	B	0	A	B	0	0
A型	A	A	A	A	A	AB	AB	AB	A	A	AB	A	A
	A	A	A	A	A	AB	AB	AB	A	A	AB	A	A
	A	A	A	A	A	AB	AB	AB	A	A	AB	A	A
	0	A	A	A	0	B	B	B	0	A	B	0	0
B型	B	AB	AB	AB	B	B	B	B	B	AB	B	B	B
	B	AB	AB	AB	B	B	B	B	B	AB	B	B	B
	B	AB	AB	AB	B	B	B	B	B	AB	B	B	B
	0	A	A	A	0	B	B	B	0	A	B	0	0
AB型	A	A	A	A	A	AB	AB	AB	A	A	AB	A	A
	B	AB	AB	AB	B	B	B	B	B	AB	B	B	B
0型	0	A	A	A	0	B	B	B	0	A	B	0	0
	0	A	A	A	0	B	B	B	0	A	B	0	0

父母的血型

等位基因的組合

子女的血型

10 肥胖也是基因造成的嗎？

會導致肥胖的「肥胖基因」

◆事實上已經發現了肥胖基因，不過……

有的人即使再怎麼減肥也無法減輕體重，認爲「可能是體質的關係」、「也許是DNA的緣故」，因此，在中途就放棄了減肥。身高較高的父母容易生下長得高的孩子，胖的父母容易生下比較肥胖的孩子，這的確是事實。但是，真的有成爲肥胖原因的基因嗎？

觀察高中三年級的男性，發現現在的日本人和戰爭結束時相比，身高高了十公分以上。戰後五十年日本人的基因並沒有產生急速的變化，所以很明顯的是糧食造成的。

但是，利用鼷鼠做實驗，發現某種基因突變會導致肥胖體。而擁有這種基因的老鼠其動作遲緩，容易得糖尿病。如果對於這些**肥胖基因**注射來自正常基因的蛋白質，則體脂肪率就會下降。

在人體中也發現了類似的基因。但是，肥胖的原因三成來自遺傳，七成來自飲食生活。也就是說，不可能有對任何人都能產生效果的特效藥。

DNA 一旦出現異常就變胖的「肥胖基因」

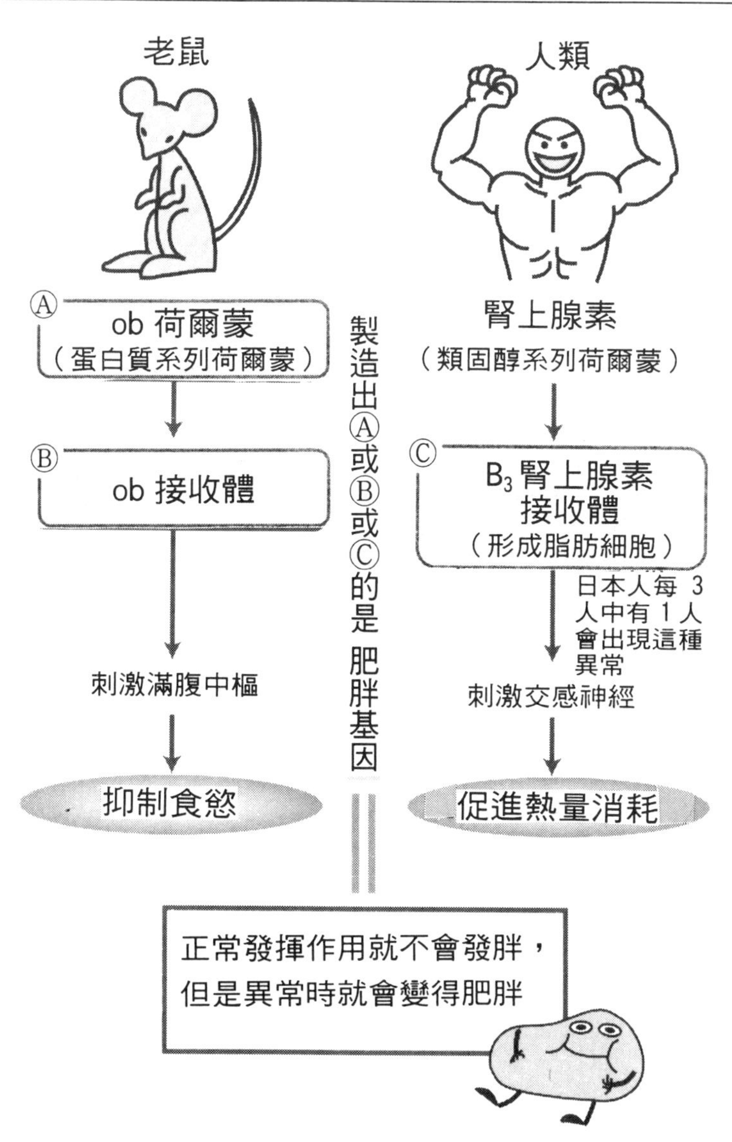

11 性格和IQ也會遺傳嗎？

生物學認為重要的不是優劣而是多樣性……

◆發現「同性戀基因」的消息以及激烈的反駁理論

一九九三年，在美國發表了「同性戀者有*性聯遺傳因素」的論文。對於從母親那裡繼承有「同性戀基因」的X染色體的男同性戀者進行問卷調查，發現結果完全一致。但是，有人提出反駁的理論，認爲「可能是從小時候開始和母方親戚的交流比較多而受到感化」的緣故。這個爭論並沒有出現任何結果。爭論的背景引發了「對於同性戀者的差別待遇」的社會問題。

*性聯遺傳
↓參照一〇〇頁

更簡單的例子是，發現了雄果蠅根本無視於雌果蠅存在的「奇特」的突變。這個突變體被命名爲「頓悟」。是掌管性行爲的基因發生異常而造成的。

但是，這應該算是一種條件反射的本能，不能算是人的性格或行動。人類還擁有更複雜的基因以及非常發達的腦這種複雜器官，因此不能夠一概而論。

如果能夠達到釋迦的「頓悟」的境地，那麼不管將來再怎麼研

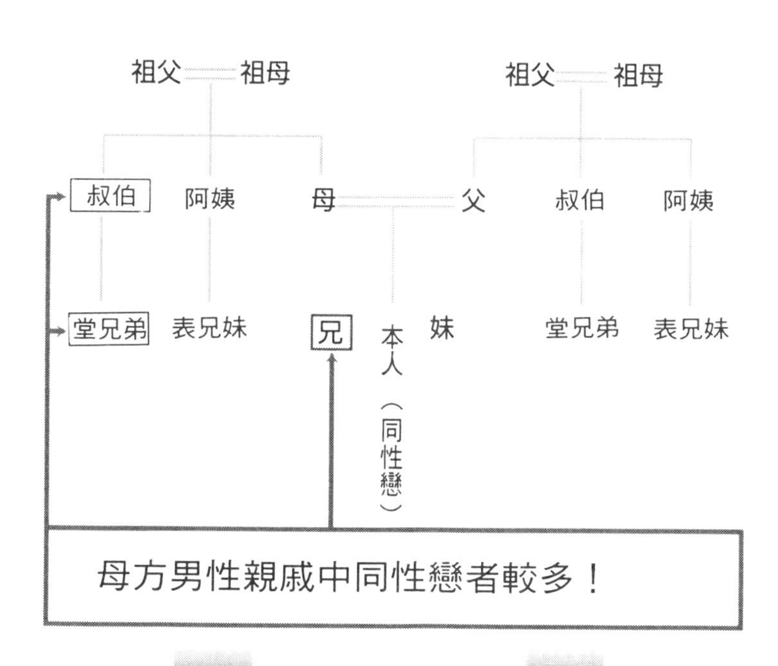

X染色體中有同性戀基因嗎？

是因為小時候的交流而受到感化嗎？

究，也都無法用基因來說明一切了。

◆IQ會遺傳嗎？

從人種差別甚至發展爲政治問題的，就是ＩＱ（智商）的統計研究。「無法用功可能是來自遺傳，所以沒辦法。」對我而言，這類的家庭問題實在很難處理。

事實上，有人認爲ＩＱ本身偏重於歐美人傳統上比較拿手的分析思考能力的測驗，因此，並不是標準的測量尺度。儘管如此，每次爭論的問題就在於「黑人的ＩＱ比白人低十五分」。的確出現這樣的調查結果，但是並非每個統計學專家都承認這一點。測驗的問題本來就不完美，因此根本就不用去考慮這個問題。

美國盛行想要發現對ＩＱ造成影響的基因的研究。另一方面，像**＊精子銀行**這類的商業行爲似乎也不喜歡沒有「專門技術」的人。一般而言，希望得到精子的人，都會希望捐贈精子者是畢業於一流大學，而且從事獨創性的工作。

如果探討人類腦的複雜情況，就不會認爲甚至連性格都會直接遺傳給下一代。不過就人類的進化而言，最重要的就是，包含各種興趣在內的基因的多樣性。而人類似乎本來就具有感受這些多樣性的能力。

＊精子銀行　在美國，有買賣人工受精用精子的生意，尤其年輕學生的精子特別受人歡迎。聽說在國內有些醫大學生也會提供精子。

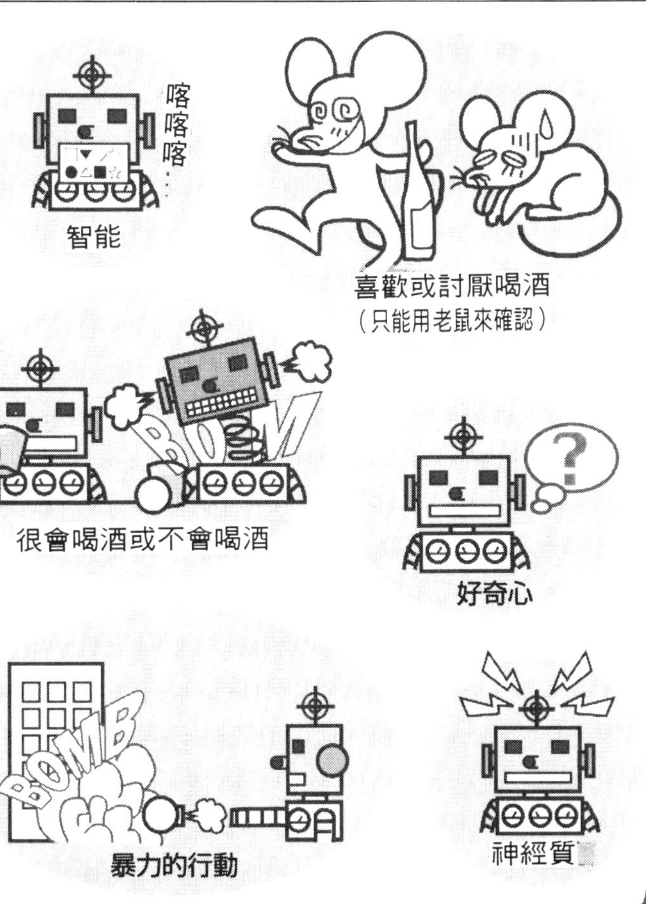

這些有一部分的確會遺傳，
但相反的，環境也會產生一
些作用

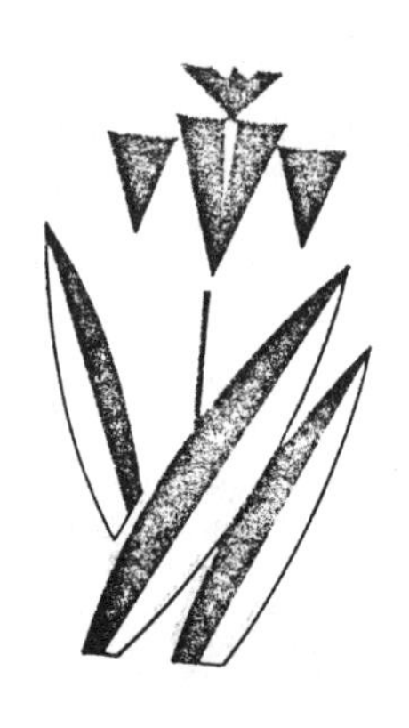

了解生命的起源與進化論

是否真的有自然淘汰——關於進化的大爭論

★ＲＮＡ是ＤＮＡ的前輩嗎？
★還會發生地球規模的大毀滅嗎？
★人類是何時誕生的？
★進化的「達爾文的進化論」
★開闢新時代的「中立進化說」？
★病毒是進化的主角——病毒進化說
★父母保護子女是基因的自私心態嗎？

1 生命誕生長達三十六億年的戲劇性演出

沒有氧的遠古地球誕生了最初的生命

◆地球上有一千萬種以上的生物

在我們所生存的地球上，目前已經發現棲息了一百萬種以上的生物。如果包括植物以及沒有被發現的生物在內，則達到一千萬種以上。

爲什麼地球會有這麼多種生命呢？首先來探討一下生命的進化。

◆目前已發現的最古老生命是藍藻類

地球的誕生是在距今四十六億年前。而在十億年後的三十六年前，誕生了好像生命的生物。現在已經發現的最古老的化石生命是三十四億六千五百年前的*藍藻。

生命誕生的舞台是原始的海洋。當時的海洋和現在的海洋完全不同，含有大量的硫化氫和氮化合物。此外，月亮比現在更爲接近，所以潮起潮落相當的劇烈。在這樣的環境當中，當然擁有足夠的創造生命所需要的物質。

*藍藻 單細胞、無細胞核的植物（原核生物）。

46億年前

36億年前

最初的生命誕生!?

34億6500萬年前

被發現的最古老生物

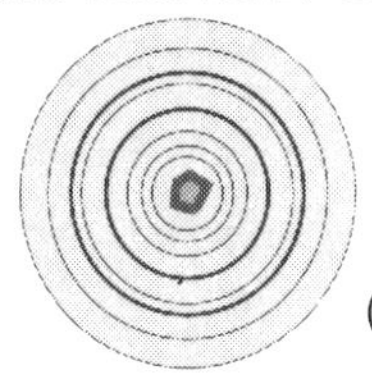

（藍藻化石）

現在

◆對於最初的生命而言，氧是劇毒！

最近備受矚目的是海底火山的「熱水噴出口」。現在在噴出口周邊棲息著吸收硫化氫以產生熱量的細菌。對它們而言，氧是劇毒。這些細菌被稱爲**厭氣性細菌**。

事實上，最初在幾乎沒有氧的遠古地球上登場的生命，就是這種厭氣性細菌。後來，進行*光合作用的藍藻類登場，吸收二氧化碳吐出氧。於是地球大氣中的氧開始急劇增加，因此，厭氣性細菌幾乎完全滅絕。

而這時利用氧產生熱量的生物，也就是進行*氧呼吸的生物（嗜氣性細菌）誕生了。

◆厭氣性細菌和嗜氣性細菌開始共生！

七十二頁已經介紹過「細胞內共生說」，厭氣性細菌吸收能夠進行氧呼吸的嗜氣性細菌，形成了新的共生生物（真核生物），而被吸收進去的嗜氣性細菌形成了細胞內的線粒體。

這個說法，更進一步的演變成能夠進行光合作用的藍藻後來也被吸收到真核生物當中，成爲現在植物的葉綠體。

*光合作用
葉綠體（參照七十四頁注解）

*氧呼吸
↓參照七十四頁

DNA 遠古時代的地球是「缺氧」狀態

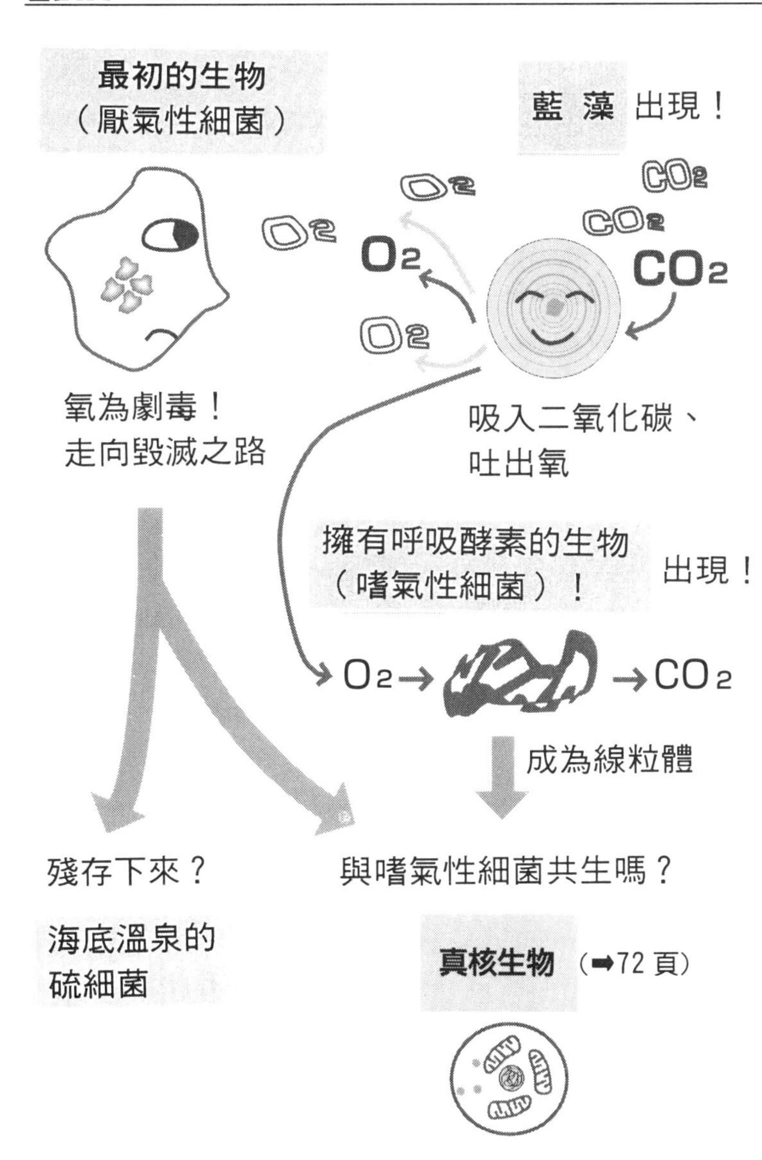

2 RNA是DNA的前輩嗎？

生命誕生之前出現的「RNA世界」

◆生命誕生之前就有「化學進化」！

看前一個單元就知道，在幾乎沒有氧的時代的地球上，誕生了最初的生命，亦即厭氣性細菌。而這個最古老的生命是如何誕生的呢？

有很多人真的相信「生命來自於宇宙」，而最近比較有力的假設則是認爲，有介於物質到生命的中間階段，也就是**化學進化**階段。

◆化學進化的主角是蛋白質和RNA

生命誕生需要DNA這種**核酸**以及蛋白質。而基因DNA是否在一開始就有像現在這樣的構造呢？

這樣的構想是來自對病毒的研究。

在病毒當中發現了*逆行病毒這一類擁有RNA而沒有DNA的病毒。通常RNA的任務是從DNA那裡複製資料，以及運送氨基酸或合成蛋白質等。但是在生命誕生時，RNA似乎比DNA先出現。也就是說，在遠古的地球是以RNA爲主角。當時那個時代的

*逆行病毒
↓參照七十八頁

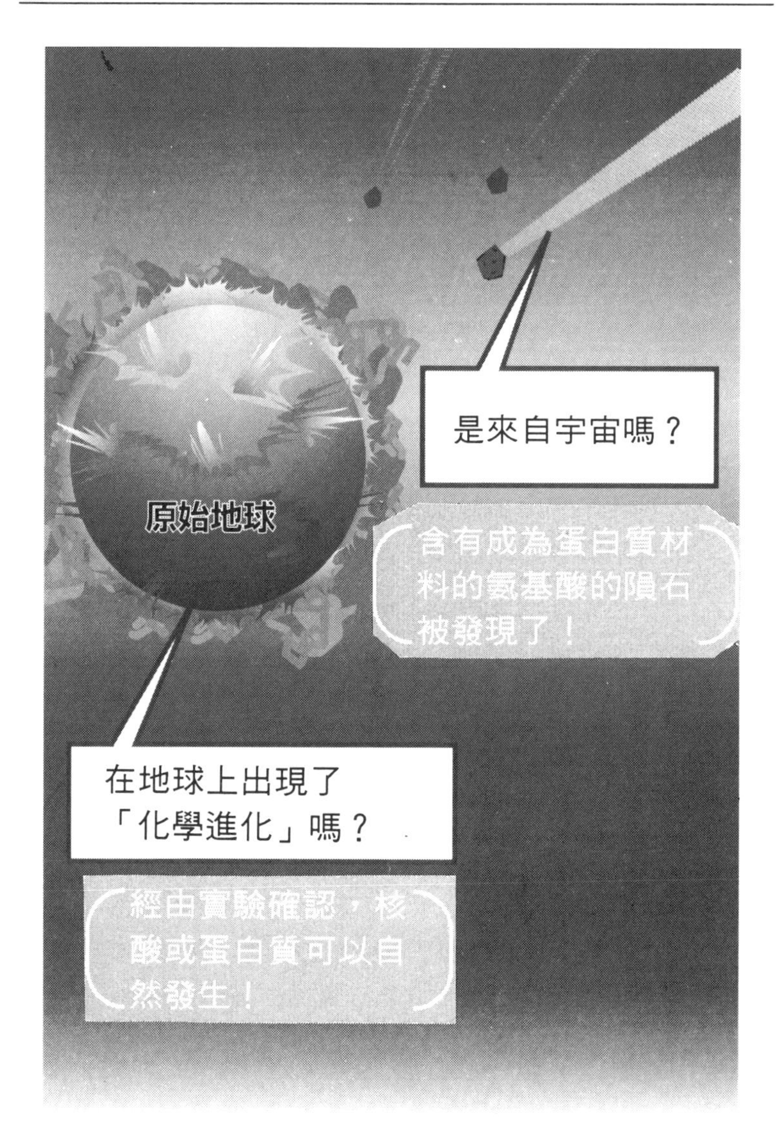
是來自宇宙嗎？
含有成為蛋白質材料的氨基酸的隕石被發現了！
原始地球
在地球上出現了「化學進化」嗎？
經由實驗確認，核酸或蛋白質可以自然發生！

世界稱爲RNA世界。

◆RNA會「自己催化」

也許你會懷疑「RNA沒有DNA的資料，不是什麼事也不能做嗎？」但是，RNA具備了DNA所沒有的能力。

現在認爲有RNA世界的存在其根據如下：

①RNA比DNA更容易合成。

②RNA不需要藉著酵素的幫助，自己就可以進行＊**接合（splicing）**自己的催化（觸媒）作用。

基於這些理由，現在認爲RNA比DNA更早誕生在地球上。而具有催化機能的RNA，偶然與氨基酸製造出來的簡單蛋白質反應，甚至有可能出現自我複製的系統，因此才會有這個「化學進化」的想法。

後來，RNA把主角的地位讓給了更穩定的遺傳物質DNA，導致最初的生命（原始生命）的誕生。

當然，這只是「假設」。雖然也實際下了工夫，以人工方式模擬製造出原始地球的環境，但並沒有決定性的證據。因此，在地球誕生後的十億年之中到底發生了什麼事情，現在依然成謎。

＊**接合**　RNA所擁有的供應等催化能力，稱為「酵素活性」。擁有酵素活性的RNA分子，特別稱為「核糖體」，備受注目。

DNA 遠古時代的主角是 RNA 嗎？

RNA

蛋白質

RNA擁有複雜形態，也擁有催化（觸媒）機能

RNA與蛋白質結合，
形成 RNA 世界

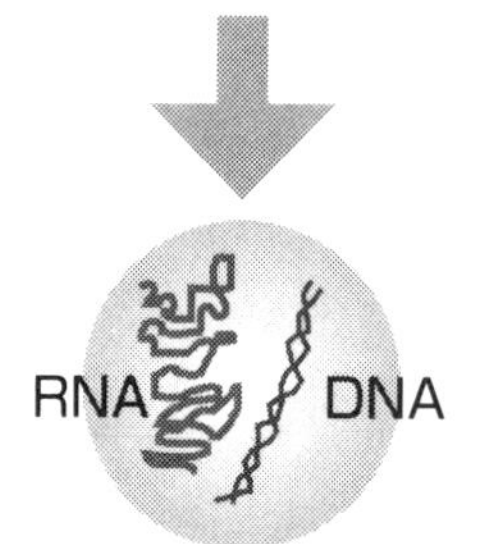

然後產生了成為
資料庫的DNA

3 何謂寒武紀的進化大爆發？

進化史上罕見的奇特動物陸續登場！

◆DNA的大實驗？

在現在地球上所居住的各種生物誕生之前，就已經產生了很多的「種」，後來陸續滅亡了。而我們則是殘存下來的種。

從發現最古老的生物化石的時代開始來區分地球的歷史，可以分為古生代、中生代、新生代。其中古生代的初期稱為*寒武紀。

在生物的進化史上，這個時代特別值得一提。因為這個時期生物種類爆發性的增加，稱為「**寒武紀的大爆發**」。對於DNA而言，也可以說是「進化大實驗」的時代。嘗試各種進化的可能性，產生了具有各種奇妙形狀的生物。

背上長了幾根刺的「Hallucigenia sparsa」，或是擁有獨特的下巴和口的「Anomalocaris canadensis（奇蝦或歪蛤）」等，充滿著現在根本難以想像的各種動物。這些生物幾乎都已經滅亡了，但是，從中也誕生了現在脊椎動物的祖先。這到底是DNA造成的結果，還是單純的巧合？至今無人能解。

*寒武紀
五億七千萬年～四億九千萬年前。

Anomalocaris canadensis
（奇蝦或歪蛤）
手
口
Hallucigenia sparsa
最初覺得好像是上下顛倒，直到現在還不知道到底哪一邊是頭？
Opabinia
（五眼岩蟲）
在學會發表復原圖時，會場上引起一陣爆笑

4 還會發生地球規模的大滅亡嗎？

恐龍的滅亡不光是隕石造成的！

◆會反覆發生大量滅亡

提到**大滅亡**，恐龍的滅亡最有名。在二億三千五百萬年～六千五百萬年前，恐龍都存在於地球上。關於牠的滅亡原因，一直成謎。現在地球上已經沒有任何恐龍了。

事實上，地球上在恐龍滅亡以前，就已經有過幾次大量滅亡的痕跡。爲什麼會發生大量滅亡呢？目前並沒有定論。不過在這個時期出現了地球規模的寒冷化、海面的降低、海水的無氧化。

關於恐龍的滅亡，有人說是因爲*巨大隕石衝撞地球而引起的。但是事實上，在此之前，滅亡就已經慢慢的開始進行。所以我們認爲原因可能是在隕石之外。

*巨大隕石
的確，這個時期在尤卡坦半島（墨西哥）上有巨大隕石掉落的痕跡。

◆原因在地球內部嗎？

現在最有力的說法是，地球深處熱的地幔上升，衝破地殼噴出。其規模是火山所無法比擬的，黑雲籠罩了整個天空，遮住了陽光，引起寒化。據說在遙遠的將來，還會再發生這種情況，到時候人類能夠殘存下來嗎？

DNA 出現好幾次的大滅亡

單位/100 萬年前

年代	紀	事件
570	寒武紀	生物爆發（水生動植物）
500	奧陶紀	最初的脊椎動物（原始魚類）
440（大滅亡）	志留紀	最初的陸上植物（蕨類）、原始魚類的繁榮
395	泥盆紀	最初的陸上動物（兩棲類）
345（大滅亡）	石炭紀	出現爬蟲類、昆蟲類
280	培姆紀（大滅亡）	
225	三疊紀（大滅亡）	最初的哺乳類
190	侏儸紀	恐龍時代
136	白堊紀	恐龍大滅亡
65（大滅亡）	第三紀	哺乳類的多樣化與繁榮
2	第四紀	出現人類
現在		

5 人類是何時誕生的？

根據DNA的分析，從五百萬年前起就和猴子分道揚鑣

人類和猴子是從什麼時候開始分道揚鑣的呢？

過去要了解生物的歷史，調查化石最有效。但是，挖掘出來的化石數量有限，所以，這方面的調查有其界限存在。

關於DNA的研究，除了化石之外，另外一個步驟就是使用**分子時鐘**來了解生物的歷史。

◆DNA的「分子時鐘」

DNA是從ATGC四種鹼基的排列所構成的。比較人類和猴子的DNA排列，會發現一些差距。這個差距愈是近親就愈少，愈是遠親就愈多。人類和黑猩猩的差距只有一％，但是人和類人猿就有很大的差距了。

也就是說，隨著生物的進化，DNA的鹼基排列大量的重組。仔細調查，發現鹼基的排列每隔一定的時間就會重組。DNA的變化以一定的速度發生的構造，就稱爲「分子時鐘」。

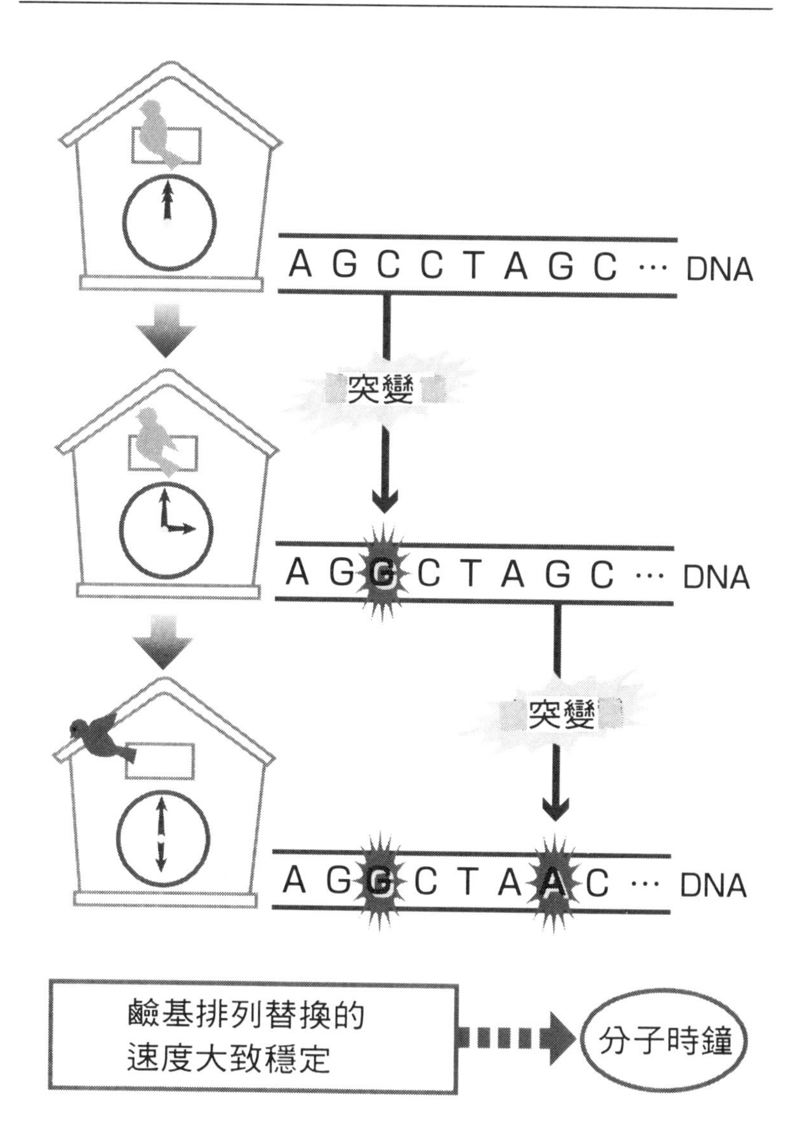
A G C C T A G C … DNA
突變
A G G C T A G C … DNA
突變
A G G C T A A C … DNA
鹼基排列替換的
速度大致穩定
分子時鐘

◆人類和猴子在五百萬年前分道揚鑣！

如果分子時鐘正確，那麼，只要調查DNA的排列差距到底有多少，就可以了解不同種的生物是從什麼時候開始分道揚鑣的。

調查人類和猴子具有同樣作用的蛋白質的基因，比較其DNA的排列來計算時，發現與人類最接近的是黑猩猩，兩者大約在五百萬年前開始分道揚鑣。

◆尼安德特人被我們的祖先消滅了嗎？

現在發現的人類祖先化石，最古老的是距今四百萬年前的南非猿人。而大約在二百五十萬年前，終於出現了使用石器的能人。

最近成爲話題的**尼安德特人**，誕生於距今二十三萬年前～三萬年前。會將死者慎重的埋葬，因此被視爲「感情豐富的人」。關於這一點，目前還有不同的意見。因爲根據一些例子得知，他們會將屍體隨便棄置在丟垃圾的地方。

關於尼安德特人，長久以來人們就持續爭論著。到底他是現代人的直系祖先，還是完全獨立的種呢？

結論應該是獨立的種，而在某個時期共存吧！而人類祖先後來大概滅除了尼安德特人。

DNA 人類和猴子分道揚鑣的時間是在500萬年前！

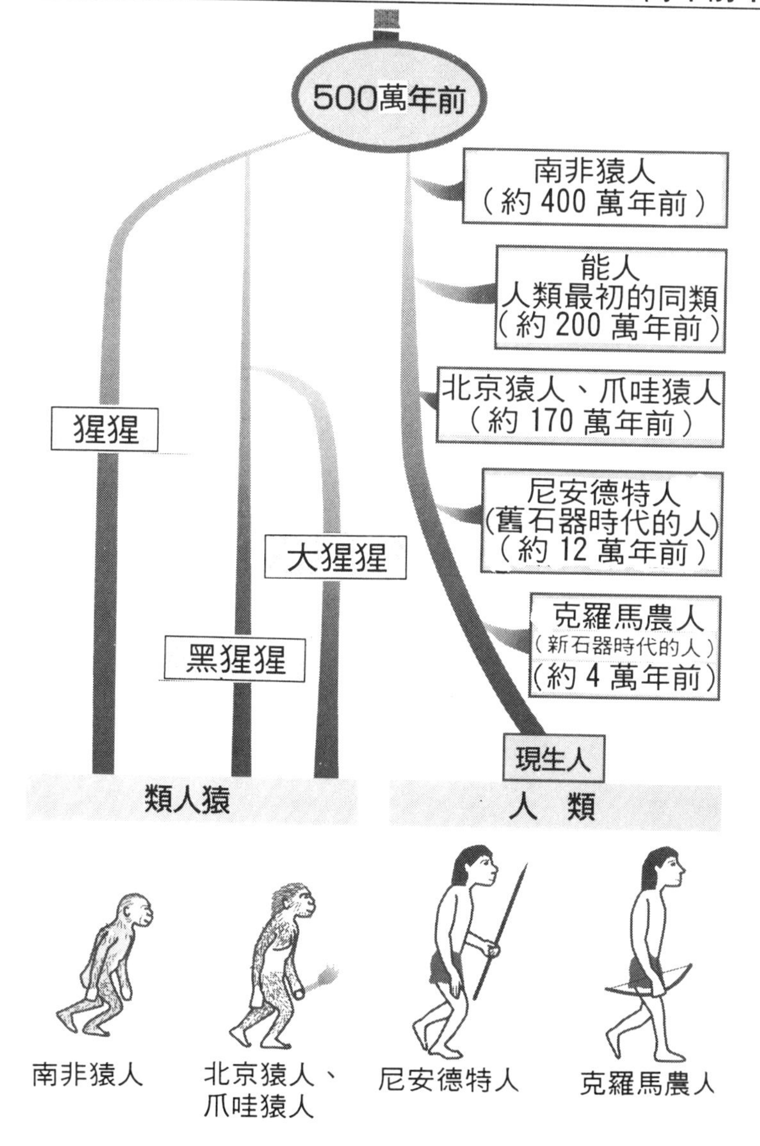

6 線粒體夏娃是人類共通的祖先嗎？

解開人類進化之謎的線粒體DNA

◆線粒體來自於母親

在七十二頁曾經談及線粒體具有獨自的DNA。從這一點出發，可以探討一個頗耐人尋味的問題。

卵子和精子各自擁有線粒體。而精子在受精時會捨棄含有線粒體的尾端部分，只有含有DNA的核進入卵子中。也就是說，父親的線粒體無法傳到子女的身上。我們細胞中的線粒體全都來自於母親。換言之，我們擁有和母親完全相同的線粒體DNA。

調查線粒體DNA，就可以追溯母親的族譜。

◆人類的共同祖先是誰？

DNA傳給子孫時，會慢慢的產生變異，而線粒體DNA也是如此。

調查世界各國女性的線粒體DNA時發現有類似的DNA，也有不像的DNA。擁有類似DNA的女性具有近親關係，而沒有類似DNA的人，在系統上是距離比較遠的。

DNA 所有人的線粒體都來自於母親

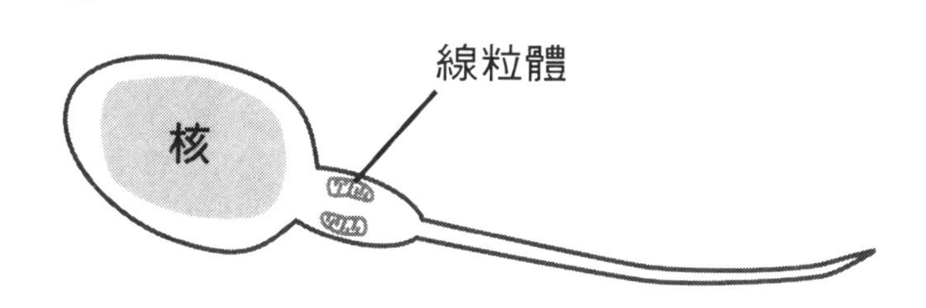

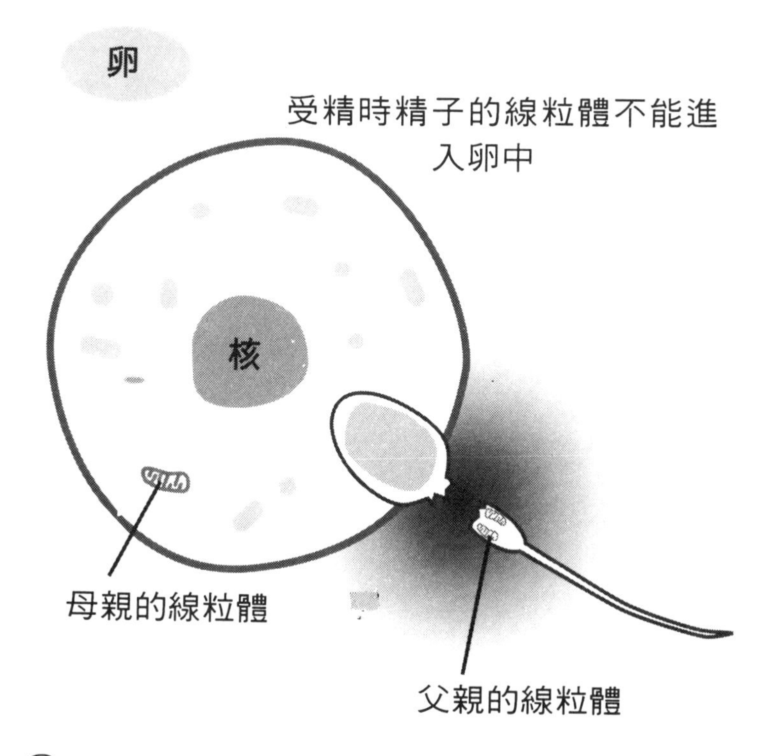

由這個調查可以了解，世界上女性的祖先是二十萬年前住在非洲的一位女性。換言之，住在非洲的這位女性是現在人類的共同祖先。這名女性被稱爲「非洲夏娃」或「**線粒體夏娃**」。夏娃這個名稱，是來自舊約聖經裡的「亞當與夏娃」的故事。

◆原人與舊人全都滅亡了！

如果線粒體夏娃說的說法是正確的，那麼北京原人、爪哇原人或尼安德特人（舊時代的人）等，和我們現代人根本沒有血緣關係。

而若從過去的化石研究來探討人類進化的過程，則兩者之間完全矛盾。以前我們認爲，原人或舊人在各個地區慢慢的混血，擴散於世界各地，後來慢慢進化爲現代人。

然而另一方面，線粒體夏娃說則認爲，不光是尼安德特人，這些人全都滅亡了，因此引起了大爭論。

一九九七年開始，成功的從尼安德特人的化石中提取出ＤＮＡ。分析結果，發現正如線粒體夏娃說的說法，尼安德特人和現代人之間並沒有任何交錯的關係。

線粒體夏娃說？

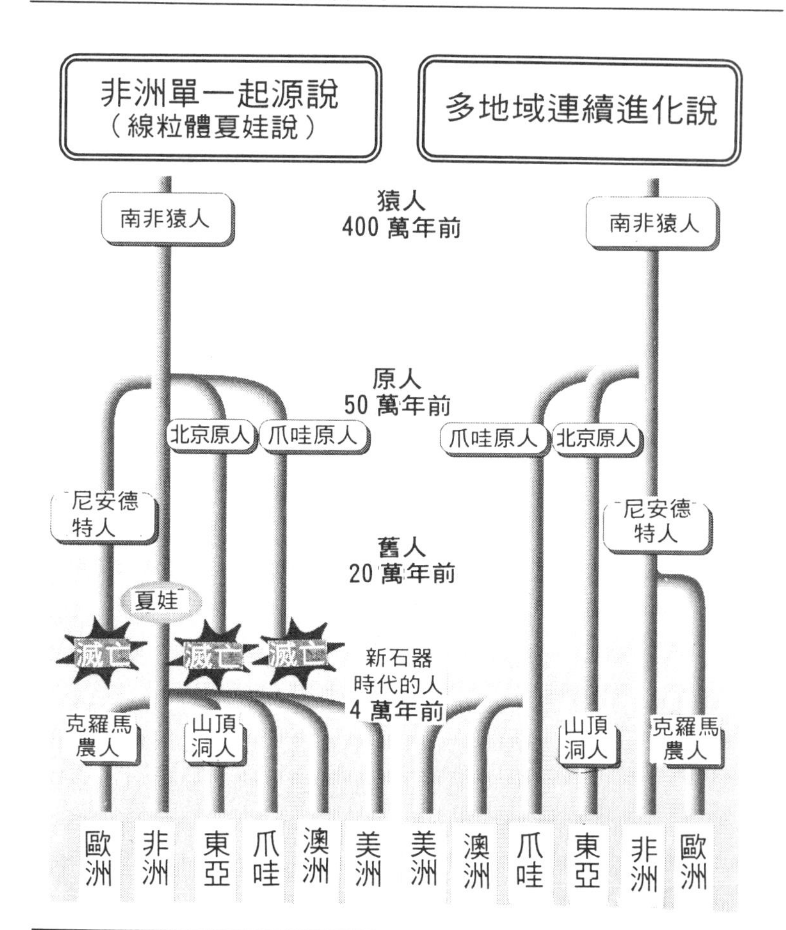

在 DNA 的研究當中，認為在 20 萬年前只有擁有共通的母親夏娃的團體變成了新人。顯示尼安德特人滅亡的分析結果也報告出來了。

按照以往的假設，進化為新人的地區是並行出現進化。例如，歐洲或非洲的現代人被視為是尼安德特人的子孫。

7 為什麼長頸鹿的脖子那麼長呢？

被視為達爾文勁敵的「拉馬爾克進化論」

◆打開進化論門扉的拉馬爾克

到目前爲止，我們從「生命的誕生」到「人類的出現」，探討進化的話題。接下來就來探討進化的構造，也就是**進化論**到底有哪些說法。

提到進化論，很多人都會想到***達爾文**。但是如果追溯進化論的主要源頭，就會發現比達爾文更早出現的***拉馬爾克**。

◆肌肉男的身體可以遺傳嗎？

眼珠子是黑色或藍色、頭髮是黑色或金色等，這是天生的。這些特徵會遺傳給子女。但是，原本瘦的人經由健身鍛鍊變成肌肉男，這些能夠遺傳給子女嗎？

現代的遺傳學認爲，這些並不是天生的，而是後天努力得來的性質（**獲得形質**），不可能遺傳給子女。

但是，拉馬爾克卻認爲這些也會遺傳給子孫。

***達爾文** ↓參照一四六頁

***拉馬爾克** 一七四四年出生於法國。

DNA 獲得形質能夠遺傳嗎？

健身鍛鍊出來的強健體魄可以遺傳給子女嗎？

◆長頸鹿的脖子是努力的結果嗎？

在拉馬爾克的進化論裡，最具特色的就是**用不用說**。這和先前的「獲得形質會傳給子孫的說法」成爲他的進化論的兩大支柱。

用不用說的說法是，長頸鹿爲了吃到在高枝上的樹葉而努力的伸長脖子。根據拉馬爾克的說法，爲了生存，必要的器官會發達，而不必要的器官就會衰退。

這個學說聽起來似乎很有道理。根據我們的經驗，經常使用的肌肉會比較發達，不使用的肌肉就會衰退。

但接下來的問題是，就算再怎麼鍛鍊肌肉、手臂變粗，也不可能遺傳粗的手臂給子孫。的確，可能有容易長肌肉的體質，但是，出生之後才獲得的肌質身體，是不可能傳給子孫的。

也就是說，並沒有所謂「獲得形質的遺傳」。看了本書，相信各位讀者已經了解，體細胞和生殖細胞是截然不同的東西。即使鍛鍊身體，對於生殖細胞內的ＤＮＡ也完全不會造成影響。

但是，現在還是有很多人站在「有獲得形質的遺傳」的立場。

「獲得形質的遺傳」，光靠短期間的實驗還無法加以否定，但是以幾萬年爲單位的歷史，卻可以證明這一點。到底長頸鹿的脖子是怎麼長長的？任誰都無法用自己的眼睛來確認。

DNA 為什麼長頸鹿的脖子會變長？

用不用說（拉馬爾克）

（只有維持生存必要的器官發達，不需要的器官會衰退）

拉馬爾克認為這種發達的「獲得形質」會傳給子孫

8 已滅絕的動物是在天地創造之前的生物嗎？

不承認進化的丘比耶的滅亡、創造說

◆將天地創造說視為絕對事實的時代

和拉馬爾克同期的**丘比耶**，是法國有名的博物學家，爲巴黎自然史博物館的研究員。他在調查大象化石時，發現該化石是和現存的大象完全不同種類的化石。

當時的歐洲，是把基督教的天地創造說視爲理所當然的時代。原本美國人也相信創造說。有些州甚至禁止談論進化論。

總之，基督教創造說認爲神在最初的七天創造這個世界之後，生物就不再進化了。但是，發現的化石證明了在過去有和現在不同的生物生存著。然而，這時丘比耶並沒有選擇否定創造說的做法。那麼他應該如何解決這個問題呢？

◆不是進化，而是反覆進行滅亡與創造！

他提出的說法是，大象的化石存在於比聖經中所寫的天地創造更早的時代。

化石的象以及生存在同一個時代的生物，因爲天地變異而滅亡，

DNA 在天地創造之前反覆出現好幾次的滅亡嗎？

然後再由神來進行創造，這是他的結論。但是，到目前為止，這種創造和滅亡已經反覆出現了好幾次。

非基督教信徒的人聽到這種說法，也許覺得很愚蠢，但是，在當時卻是合理的解釋。

丘比耶和拉馬爾克的交情不錯，但是對於拉馬爾克進化論卻激烈的加以責備。

9 達爾文的進化論

掀起軒然大波的「自然淘汰」與「適者生存」

◆只有適應的個體才能夠殘存下來

在進化論的世界裡，一直處於主流派地位的是*達爾文的學說。達爾文進化論的核心是**自然淘汰**（自然選擇）說。也就是說，能夠適應環境的個體才能夠殘存下來，無法適應的個體就會被消滅。其結果，會產生更能適應環境的個體（適者生存）。這種情況反覆的出現，就是「進化」。

這個自然淘汰說，經常被拿來與拉馬爾克的用不用說互相比較。拉馬爾克認爲，長頸鹿的脖子長，是因爲牠們的意志造成的。牠們爲了想要吃高處的樹葉而努力，因此脖子愈來愈長。

但是，達爾文卻認爲，只有脖子較長的長頸鹿才能夠吃到較高的樹葉，因爲牠們比脖子較短的長頸鹿更有力，所以才能夠殘存下來。也就是說，進化並不是靠長頸鹿們的意志，而是生存競爭篩選出來的結果。

＊達爾文　一八五九年發表了堪稱進化論金字塔的『物種起源』。

◆達爾文無法解開的謎團

但是，達爾文進化論還是有一些疑問，這點達爾文自己也承認。

DNA 何謂自然淘汰？

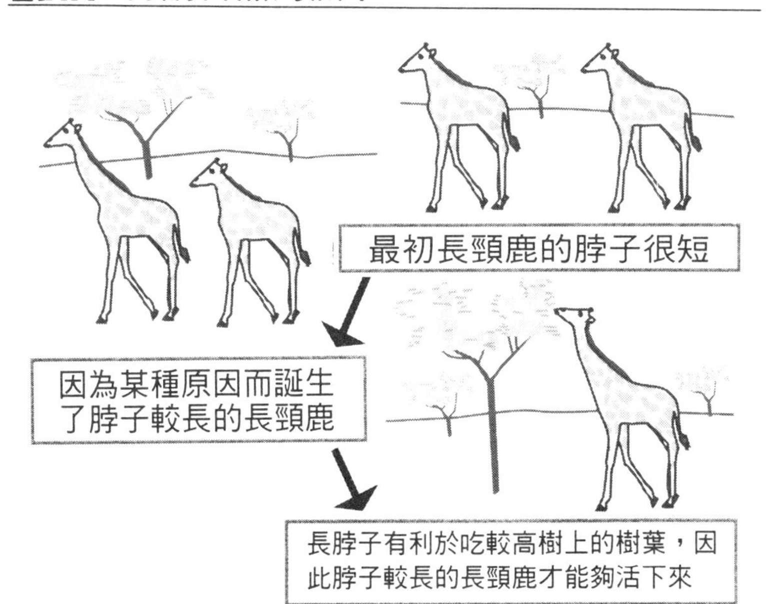

例如，達爾文說進化論是慢慢的進化，但是，在化石中卻沒有發現所謂的中間種。達爾文認爲之所以沒有發現中間種，是因爲化石保存狀態所造成的。不過這並不具說服力。

然而，在基督教的「天地創造說」相當盛行的時代，他發表進化論的勇氣卻是令人相當的佩服。

10 進化的「達爾文進化論」

因為發現基因和突變，達爾文說變成「綜合說」！

◆如果遇到孟德爾……

達爾文自己也想過拉馬爾克所說的「獲得形質的遺傳」。在達爾文時代，還沒有發現DNA，當然也不知道DNA掌管著遺傳。

但是，在與他同一時代的人當中有一位名叫孟德爾的人。達爾文並不知道孟德爾的「遺傳法則」。如果達爾文知道遺傳的法則，那麼也許達爾文進化論又會有不同的發展。

將孟德爾的「遺傳法則」和達爾文的進化論相結合，形成新的**達爾文定律**，這是在達爾文之後的後代的人所做的事。

◆持續剪掉老鼠尾巴的男子

首先是德國的**瓦茲曼**認爲「獲得形質的遺傳」是不可能發生的。這個人將老鼠的尾巴剪掉，持續剪了二十二代，證明了獲得形質不會遺傳。

當然，以現在的觀點來看，這是非常殘暴的實驗，但是卻也證明了即使剪掉再多次的尾巴，也不會對生殖細胞造成任何的影響。

DNA 瓦茲曼的殘酷實驗

母　鼠

剪斷尾巴

幼　鼠

生下來時還是
有尾巴

反覆持續進行
22 代的實驗

最後的結論是「獲得形質不會遺傳」？

瓦茲曼的實驗，事實上是對拉馬爾克說宣告死刑。

◆突變＋自然淘汰等於綜合說

另一個對進化論有重要貢獻的人，就是發現**突變**的荷蘭植物學家德・布里斯。

由於發現突變，因此證明了拉馬爾克所說的獲得形質不會使長頸鹿的脖子變長，而是因爲偶爾生下了脖子變長、發生突變的長頸鹿，才出現了脖子較長的長頸鹿。這符合了達爾文的自然淘汰的結果，正是進化的根本想法。如此一來，拉馬爾克說當然愈來愈站不住腳，達爾文說的自然淘汰說則獲得優勢。

此外，也開始出現了突變在團體中會如何擴大的數學研究的＊**集體遺傳學**。現在已經了解基因DNA的構造，甚至已經以分子階段來進行這方面的解釋、研究。像這種堪稱達爾文進化論精華的「自然淘汰」，細說了近年新的研究成果的進化論，稱爲「**綜合說**」，保有現代進化論的主流派寶座。

各種研究不斷的進行，而光靠自然淘汰並無法完全說明進化的「反駁理論」也開始出現。從下一個單元起，就來探討關於現代進化論的爭論。

＊**集體遺傳學**
從英國的R・A・飛夏、J・B・S・荷爾登及美國的S・萊特等人開始的學問。

何謂綜合說？

「會自然淘汰哦！」
（達爾文）

（他自己不知道基因的存在，因此認為獲得形質會遺傳）

突變的發現！

集體遺傳學
分子生物學
發展出來！

綜合說（現代進化論的主流派）

11 根本沒有自然淘汰

「種只會不斷的進化」的今西錦司的「分棲理論」

◆完全否定達爾文的日本人

在探討進化論時，不可以忘記的是活躍的日本學者，其代表則是今西錦司的**分棲理論**。

今西錦司觀察棲息在京都賀茂川的四種蜉蝣，發現它們的幼蟲會依種類的不同，分棲在河川流速較快或較慢的地方。因此，今西錦司認爲生物並不是按照個體來進化，而是按照種來進化。

達爾文進化論認爲，適應環境的個體在生存的競爭中獲勝而殘存下來，也就是自然淘汰的想法。

但是，今西的說法就沒有這種自然淘汰的想法。今西說認爲進化單位不是個體而是種。他認爲，地球上無數生物的種各自在不同的環境中生活，否定了在相同的種內有生存競爭、只有適應環境者才能夠殘存下來的自然淘汰說。

自然淘汰的想法是達爾文進化論的核心，而今西的分棲理論則將其完全加以否認。

DNA 否定自然淘汰的分棲理論

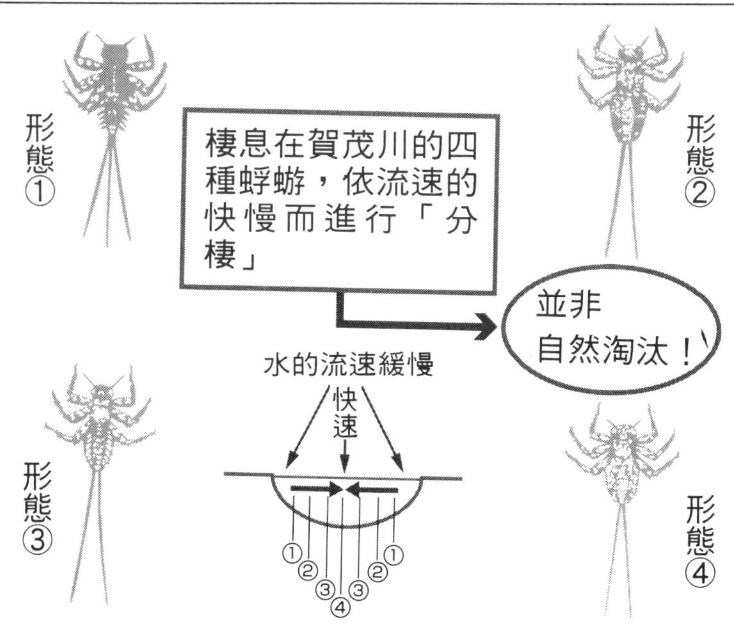

◆「種在該改變時就會改變」

達爾文進化論認爲，個體的變化是日積月累進化而來的，而今西說則認爲進化是整個種一起產生變化。他說：「種在該改變時就會改變。」

關於最重要的進化構造，他並沒有加以探討。但是這個大膽的說法的確震撼了學會。

12 開闢新時代的「中立進化說」

糾正達爾文定律的DNA的研究

◆在分子進化中，自然淘汰無法發揮作用！

在達爾文進化論和反達爾文進化論展開爭論的同時，吸收**分子生物學**成果的新的進化論登場了，而帶頭的就是**中立進化說**。

生物會進化是因為DNA變化，而最後對於DNA變化的構造一定要進行解析才行，這就稱為**分子進化**。

根據達爾文的進化論，擁有能夠適應環境、產生有利變化的DNA的生物才能夠殘存下來。也就是說，以長頸鹿而言，擁有脖子較短的基因的長頸鹿就會滅亡。

但是，調查DNA的突變，發現對生物來說，幾乎沒有有利或不利可言。例如，鹼基排列只有一字之差的同樣氨基酸（參照三十六頁），即使密碼有一個氨基酸不同，還是能夠形成具有同樣作用的蛋白質。

像這樣的改變，並不會直接影響生物的形或機能，只是屬於基因階段的突變。

DNA 進化上也有「中立」突變

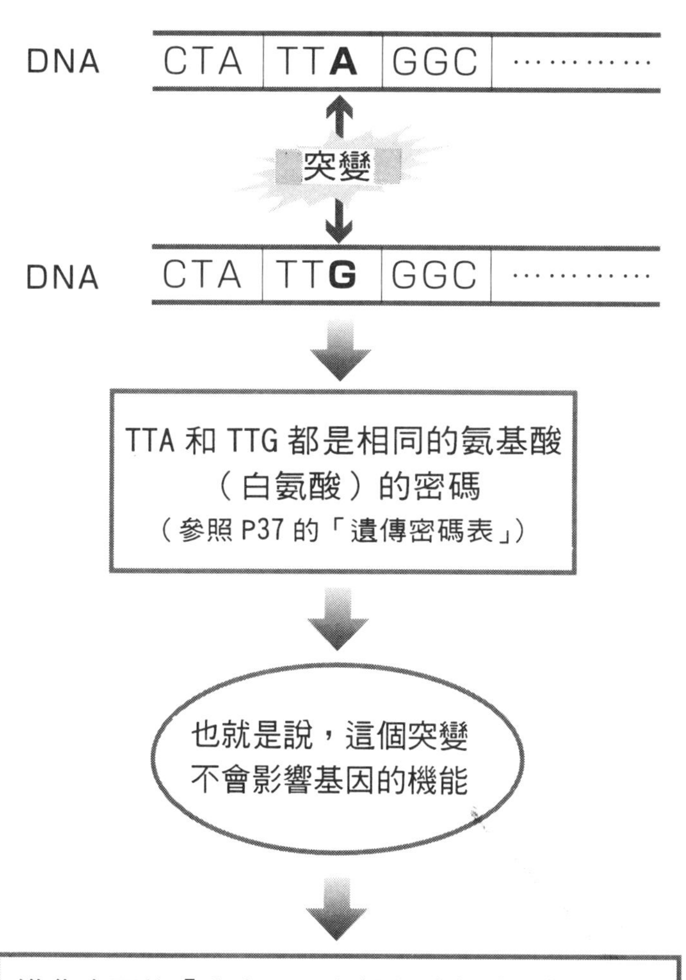

◆進化需要自然淘汰的「鬆懈」

既非有利，亦非不利。換言之，在中立的突變中備受矚目的就是*木村資生所提出的中立進化說。

中立的突變不會對體形或機能造成影響。因此，必須要回到DNA的階段才能夠了解，這是肉眼看不到的突變。木村資生認爲偶然發生中立的突變而產生了變化。

也就是說，地球環境驟然改變，當自然淘汰出現「鬆弛」的現象時，基因方面就會出現各種的「中立突變」。種並不是一口氣進化而來的。如果競爭較少，則各種形態的「變種」即可共存。

然後，當自然淘汰再度變得非常緊繃時，則各種進化的新種當中，只有最能夠適應環境者才能夠存活下來。

*木村資生　日本國立遺傳學研究所名譽教授。一九六八年提出中立進化說。

◆該如何修正綜合說比較好，目前還沒有定論！

從承認自然淘汰這一點來看，這個中立說應該是達爾文定律的修正案。但是，這個說法是指肉眼看不到的基因的「中立突變」，那麼，到底該如何才能變成肉眼看得到的進化呢？這點尙無法說明，這也是進化論者殘留的一大課題。

但是，如果從DNA的分子階段來看，所有基因的進化並不光是自然淘汰造成的，這使得過去的綜合說產生了很大的改變，造成了極大的衝擊。

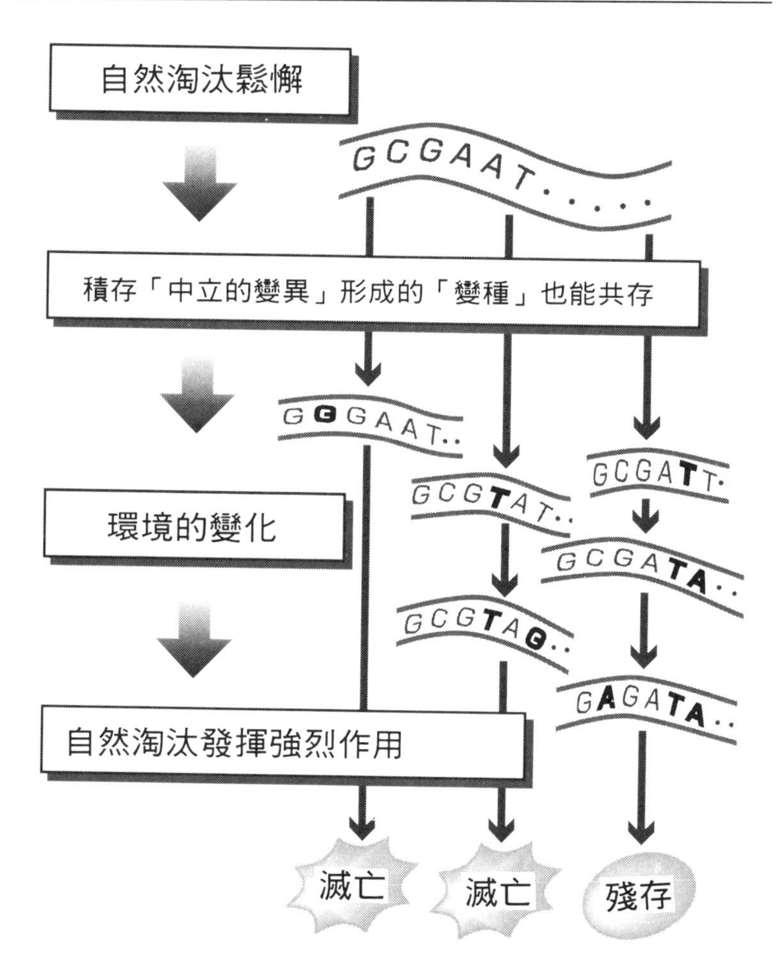

中立進化說認為，蓄積「中立的變異」，
就會產生「肉眼看得到的進化」

13 進化幾乎都是基因的「剽竊」嗎？

大野乾的「基因重複說」

◆**何謂「基因重複說」？**

如果對於生存會造成影響的重要的基因異常，那麼這個個體就無法活下來。因此，DNA爲了避免造成排列混亂，而會採取非常「保守」的做法，也就是它不容易改變。

但是，如果DNA沒有變化，就不會進化。若不解決這個矛盾，就無法從DNA的分子階段來解開進化的秘密。

基因當中擁有相同機能的基因大量重複，這就是*大野乾的基因重複說。

◆**進化是「一創作百剽竊」嗎？**

例如，製造**血紅蛋白**的基因有十個以上。其中或許有幾個基因發生突變，但是，只要剩下的基因能夠正常發揮作用，那就沒有問題了。也就是說，即使發生突變，也是屬於危險性較低的「保險」狀態。

然而，和進化有關的突變，可能在有這種保險狀態時比較容易出現，這個想法就是基因重複說。

***大野乾**　在美國相當活躍。一九七〇年提出「利用基因重複的進化」。如果將ATGC的鹼基用音階來套用，則基因的鹼基排列甚至可以按照「編曲」的方式來編成曲子，這就是他的著名說法。

DNA 基因重複能夠促進進化嗎？

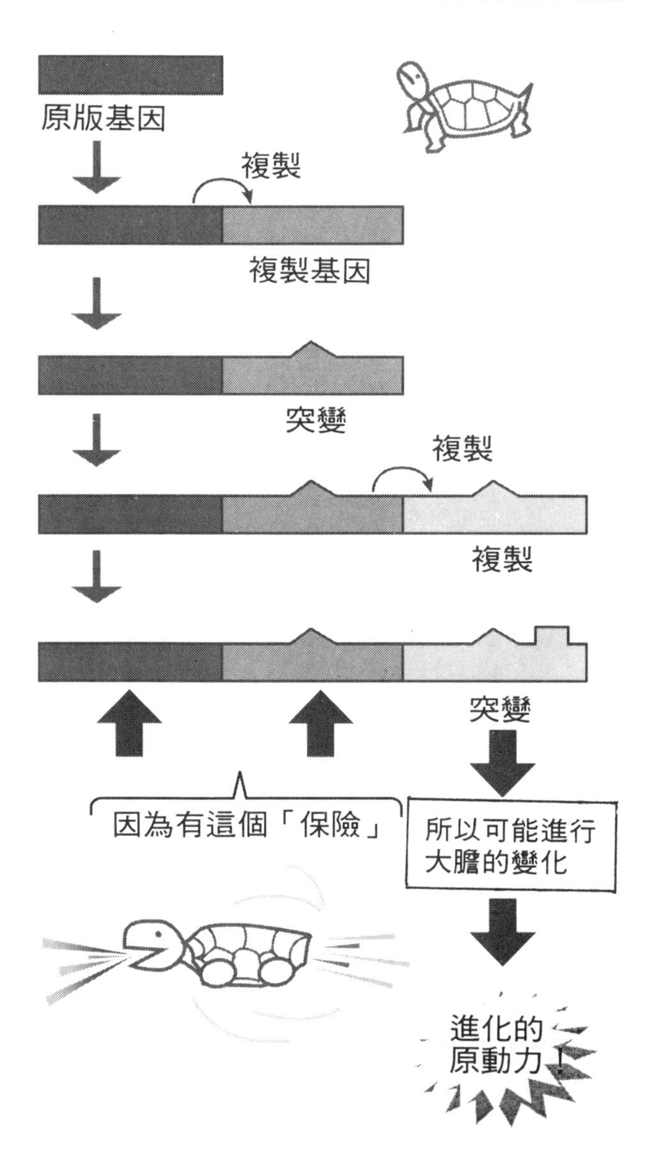

大野乾認爲，進化的本質是「一創作百剽竊」。自從生命誕生以後，就已經存在所有基因根源的原始基因，其後就是盜版了原始基因的基因累積，形成了具有各種功能的基因。

14 病毒是進化的主角——病毒進化說

難道長頸鹿得了「會使脖子變長」的傳染病嗎？

◆水平移動的DNA

按照達爾文進化論，直到現在還會進行進化及淘汰。此外，如果按照「中立進化說」或「*斷續平衡進化說」的說法，那麼現在應該是進化的小休止期。

雖然有各種進化論，不過進化的確和DNA有關。過去的進化論認爲，父母傳給子女的DNA，也就是「垂直」移動的DNA有問題。

但是，DNA不僅是垂直移動而已，也會「水平」移動。因此注意到**病毒進化說**。這是在一九七一年由中原英臣（本書主編）和佐川峻提出的。

這個說法認爲病毒不是突變，而是進化的主角。

◆進化與傳染病相同

這個說法最獨特的一點，就是認爲進化是「病毒造成的傳染病」。也就是說，長頸鹿的脖子會那麼長，是因爲得了讓脖子變長的

＊斷續平衡進化說

一九七二年，美國古生物學家艾爾德里奇和格爾德提出的理論。從化石的研究中，他們主張進化並不是像達爾文所說的一點一點慢慢的進行，而是突然發生的。

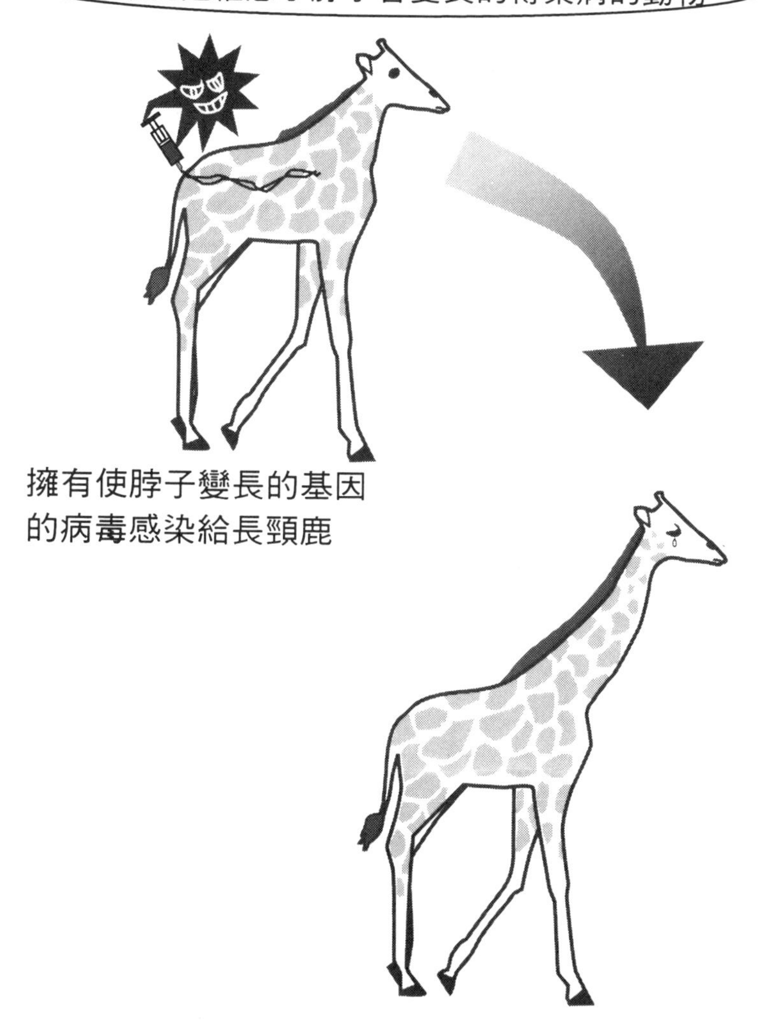
長頸鹿是罹患了脖子會變長的傳染病的動物
擁有使脖子變長的基因的病毒感染給長頸鹿
得了脖子會變長的傳染病的長頸鹿

傳染病。

如此一來，就可以簡單的說明未發現脖子長度爲中形的化石的達爾文說的矛盾了。

此外，也可以說明其他在達爾文說中無法說明的例子，例如人類不能夠合成維他命C。無法合成維持生存所需的維他命C的突變，應該會因爲自然淘汰而被消滅掉。

但是如果我們說，這是因爲人類得了無法製造維他命C的傳染病，所以無法製造維他命C，那麼，就可以解答這個問題了。

前面已經說明過，病毒會侵入其他生物的細胞，進入宿主的DNA內。

有時候會和宿主的DNA一起飛出來。而運送這個病毒的基因存在於其他生物體內，形成進化，這就是病毒進化說。

病毒會對其他的生物造成疾病，然而它同時也是基因的運送者。

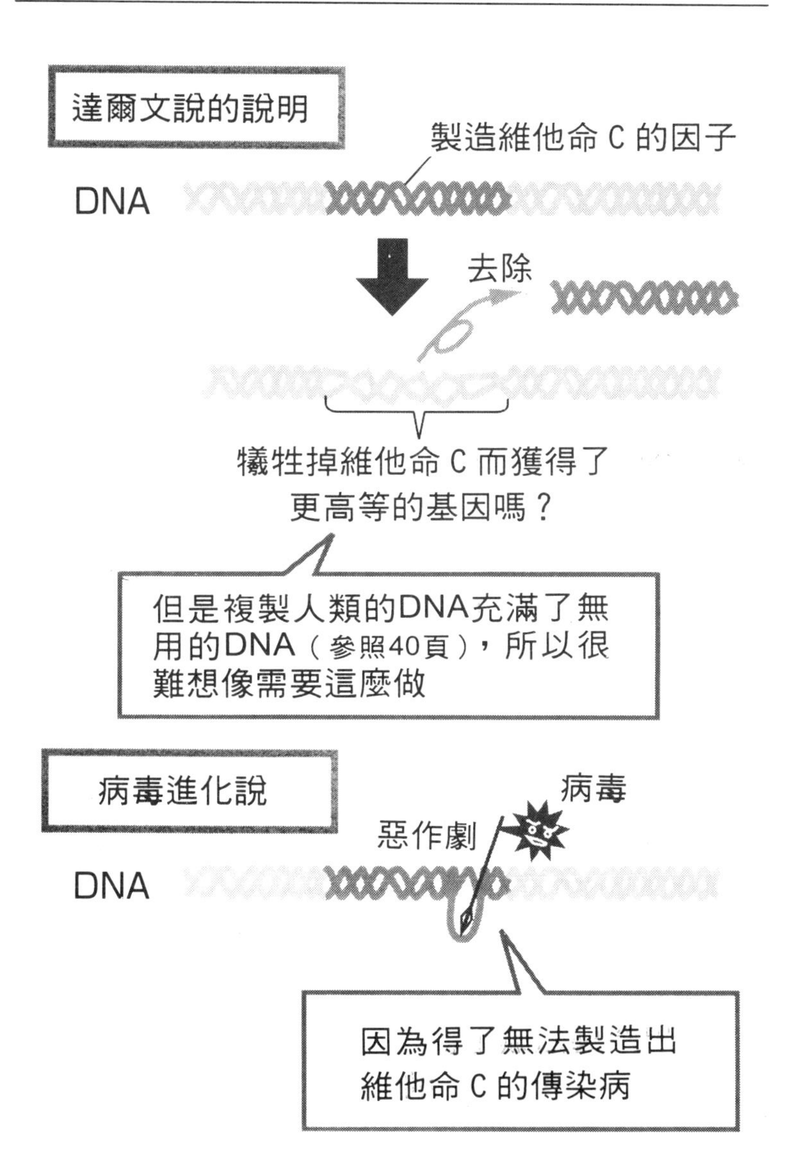
達爾文說的說明
製造維他命C的因子
DNA
去除
犧牲掉維他命C而獲得了
更高等的基因嗎？
但是複製人類的DNA充滿了無
用的DNA（參照40頁），所以很
難想像需要這麼做
病毒進化說
病毒
惡作劇
DNA
因為得了無法製造出
維他命C的傳染病

15 父母會保護子女是基因的自私心態嗎？

「自私的基因」

◆利他行動是DNA的戰略

「生物只不過是DNA的交通工具」，這種說法震驚世人。這是英國的動物行動學家理查．*德金斯所說的話。

現在已經是人類可以操作基因、製造新的農作物、進行基因治療的時代。因此，如果自己反過來被基因利用，這種說法當然會被抵制。

德金斯注意到動物們的「利他行動」。例如，當子女遇到危險時，父母會犧牲自己來保護子女。這就是一種利他的、充滿愛情的行動。以DNA的觀念來看，似乎確實有這樣的行動存於基因當中。德金斯認為，個體會犧牲自己，展現利他行動，這就是一種基因的生存戰略。

*德金斯　英國的動物行動學家。一九七六年發表『自私的基因』。

◆所有的一切都是為了留下基因嗎？

對於德金斯的「自私的基因」造成最大影響的，就是W．D．**漢米頓**的蜜蜂研究。

DNA 母愛是基因的自私表現嗎？

自私基因的理論

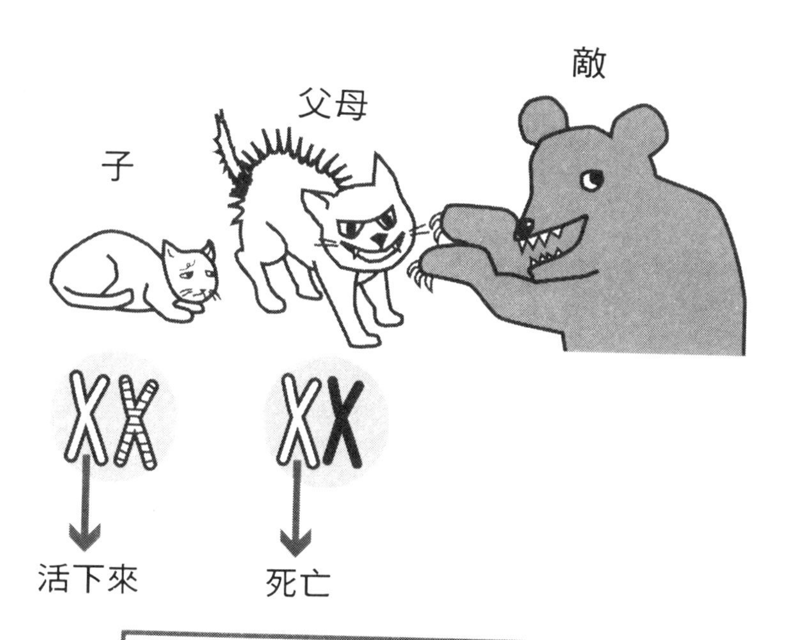

血緣度較高的子女能夠存活下來，則即使父母死亡，而共通擁有的基因也不會滅亡

生物只是被 DNA 利用的交通工具嗎？

蜜蜂是由女王蜂和工蜂形成一個群體，而能夠繁衍子孫的只有女王蜂。工蜂自己沒有子女，但是，卻會養育女王蜂所生下的孩子們。工蜂的這種行動看似利他，但是，這就證明是爲了要留下與自己最接近的基因所展現的行動。

◆對於德金斯的反駁

德金斯是徹底的達爾文主義者。他和達爾文一樣，認爲進化的原動力是「自然淘汰」。但是，德金斯的想法非常獨特，他認爲自然淘汰這種「篩選」，並不是以個體而是以基因爲單位來進行的。

工蜂孕育的是姊妹。普通動物的姊妹，身上擁有一半相同的基因，但是，如果是蜜蜂或螞蟻，則如圖所示，進行特殊的生殖，所以有四分之三的基因是共通的。牠們即使個體消滅，也已經留下了擁有共通基因的親族，因此就能夠戰勝自然淘汰。

但是，一個基因不見得就能夠發揮一個作用。工蜂努力養育女王蜂子女的行動，是由許多基因發揮作用而造成的。然而這方面的說明並不完善，因此，很多人對德金斯的說法提出反駁的理論。

通常我們會認爲自己是靠自己的意志來生存。但是，如果有人說人類是爲了留下基因而以被操縱的方式來求生存，不知你會做何感想。

DNA 蜜蜂和螞蟻的特殊生殖方式

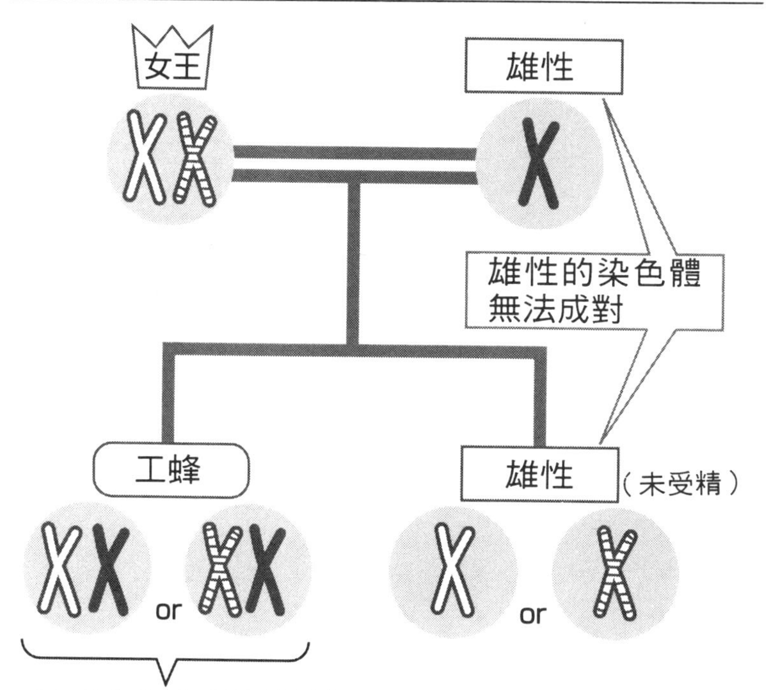

工蜂之間全都是姊妹，
擁有 100%或 50%共通的
基因。

平均擁有 75%（$\frac{3}{4}$）的共通基因

→ 其中如果有下一代的女王，
則血緣度較高的工蜂基因只要能夠
讓下一代女王活下來，
就有戰勝淘汰的可能性

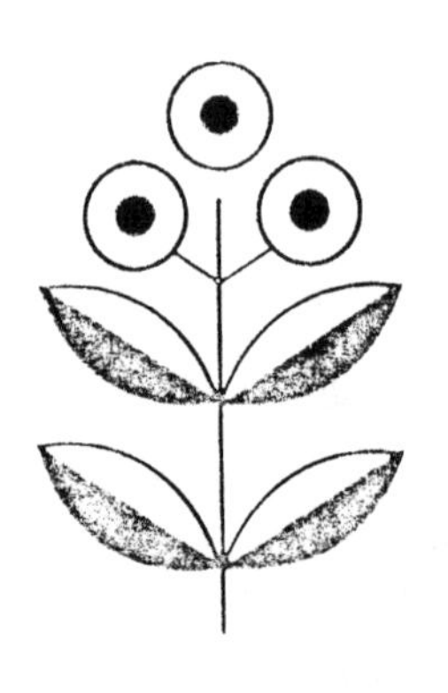

生物科技的最尖端技術

生物食品或基因治療、複製技術已經進步到什麼地步？

★「基因重組」是惡魔的技術嗎？
★細胞融合與基因重組的不同點
★即使指紋消失，也可以靠ＤＮＡ來鑑定
★侏儸紀公園有可能實現嗎？
★哈囉！桃莉！複製羊的衝擊
★基因治療可以治好癌症嗎？
★比較愛滋病毒與人類的智慧

1 「基因重組」是惡魔的技術嗎？

目前安全性是未知數，最大的問題在於「消費者的感覺」

◆會形成怪物嗎？

現在，甚至連與農業和醫學無關的企業，都投資巨額的資金在生物科技的研究上。今後ＤＮＡ將成爲「基因資源」，取代半導體的地位。

在日本，成爲話題的「**基因改造**農作物」甚至都已經上市了。一九八〇年代後半期開發出基因改造技術。九六年之後，美國開發出的玉米、大豆等「基因改造食品」進口到國內，很多消費者對此感到不安。

我想，擁有基因重組正確知識的人應該很少吧！光是聽到「基因改造」的字眼，就覺得這是可怕的操作。

一般而言，操作基因會給大家「可能會生下怪物」的印象。大象和長頸鹿結合在一起、青蛙和蛇結合在一起，光是想像就令人毛骨悚然。

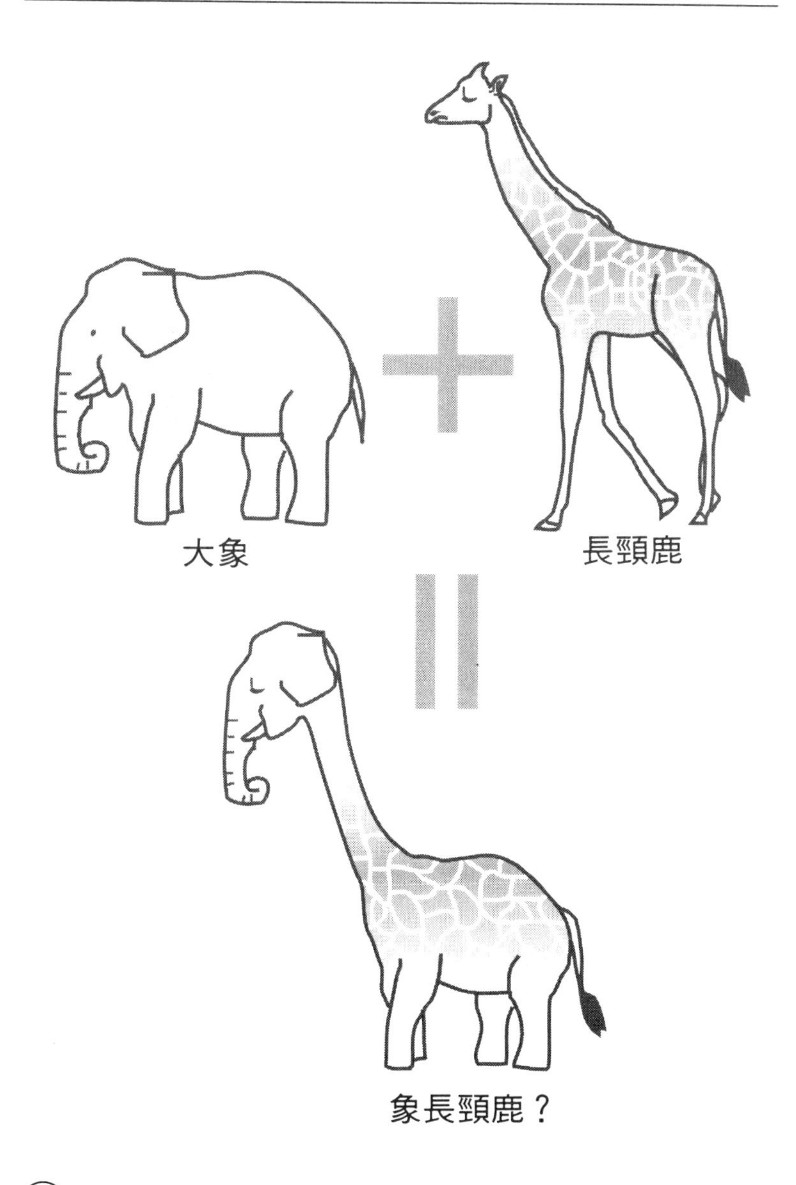
大象
長頸鹿
象長頸鹿？

但是，基本上基因重組技術並不是這麼令人害怕的技術。它只是將某種生物所具有的有用性質相關基因重組到別的生物中。

◆安全性還是未知數

例如，「將能夠抵擋冷害的植物基因移入其他農作物中」，這就是代表性的基因改造。目前實際上製造出來的基因改造農作物，的確具有能夠抵擋害蟲及除草劑的性質。

原則上，這類基因改造的農作物並沒有什麼危險，但是如果長期持續攝取這類農作物，究竟會出現什麼樣的影響，目前真的無法確認。事實上，在美國曾經有從巴西豆重組到大豆中的基因使人體產生過敏反應而中止開發的例子出現。

◆基因重組的動物版・「基因改造動物」

一九八二年，發表了開發出能夠長到普通老鼠二倍大的**超級老鼠**的生物，這就是**基因改造動物**的一個例子。

基因改造也可譯為「基因導入」或「基因重組」。也就是說，這就是「基因改造農作物」的動物版。將製造大鼠生長激素的基因移到小老鼠體內，開發出生長力高達三十五倍的小老鼠。

當然，關於其安全性目前還是未知數，消費者「不想吃這種很可怕的東西」，產生強烈的反彈，所以並未商品化。

DNA 只吸收有用的基因

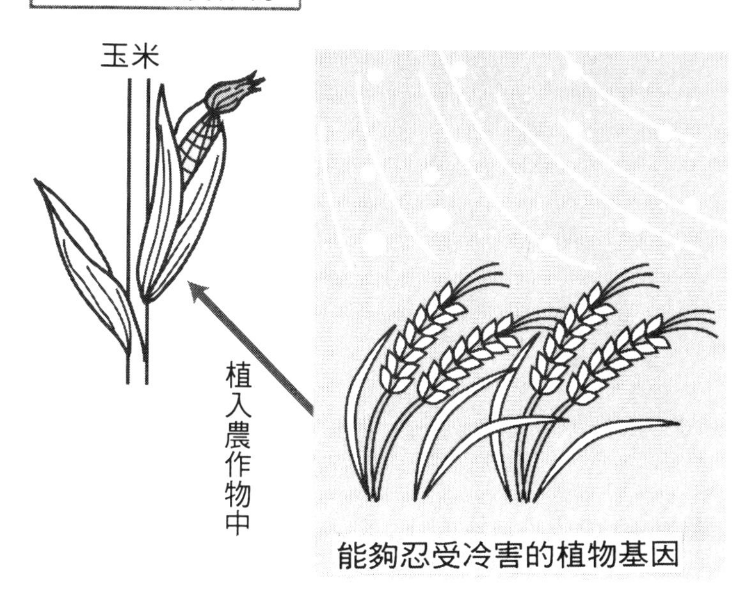

此外，還有能夠忍受除草劑、除蟲劑的植物或忍受害蟲的植物等只植入目的基因的「基因改造技術」！

2 基因重組的三大道具

十分活躍的限制酵素、連結酵素及基因運送者

◆「剪刀」是限制酵素，「漿糊」是連結酵素

要使基因能夠進行重組，當然需要開發一些技術。首先是從DNA當中只切取必要的基因部分來使用的技術。

雖說是切取，但是，對象的DNA是大小〇・〇〇〇〇二毫米的微觀世界的物質，不可能用剪刀剪。這時，具有剪刀作用的酵素已經被發現，因此解決了這個問題。

前面說過，酵素是蛋白質的同類，酵素當中有些具有在決定好的鹼基排列部分切斷DNA的作用。這些酵素稱爲**限制酵素**。要切取DNA就要利用這個酵素。

既然具有剪刀作用的酵素，當然也有將切斷的東西黏起來，具有「漿糊」作用的酵素，稱爲**連結酵素**。

而現在也發現了切取DNA的方法與連結的方法。但是，光靠這些仍無法進行基因重組，還必須有將切取的基因運送到接受者細胞中的方法。

DNA的「剪刀」與「漿糊」

剪　刀　發現DNA決定好的鹼基排列而加以切斷的是限制酵素

漿　糊　將切掉的基因部分連接起來的則是連結酵素

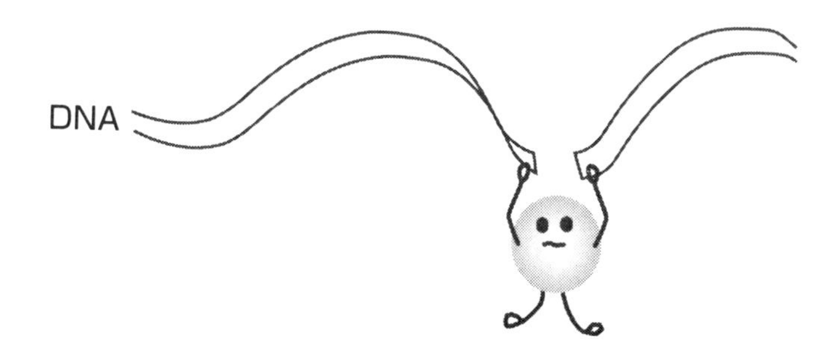

◆基因的運送者

要搬運DNA片斷這種非常微小的物質，並不是用小鑷子夾住就可以運送。運送基因的是**基因運送者**。

當成基因運送者來使用的是大腸菌當中的*質體以及一種病毒**噬菌體**等。最近在進行改造HIV（愛滋病毒）同類逆行病毒，把它當成基因運送者來使用的研究。

提到大腸菌或病毒，大家會想到它是一種細菌，但是，使用起來卻很有幫助。

例如，大腸菌對於治療糖尿病相當有用。糖尿病是因爲胰臟的胰島素荷爾蒙無法正常分泌出來而引起的疾病。過去是使用從豬體內取得的胰島素來治療，但是，由於基因工學的發達，現在也可以製造出人類的胰島素。而這時利用的就是大腸菌。

首先是切取來自正常人細胞的製造胰島素的基因，然後再植入大腸菌的質體當中。將此大腸菌放在培養液裡，使其不斷的增殖。特別使用大腸菌，是因爲它比人類的細胞增殖得更快。

在增殖的大腸菌當中，植入的人類基因含有大量的人的胰島素，因此，成功的生產出大量的胰島素。

***質體**　細菌有質體DNA這個和染色體DNA互相獨立的部分。質體會利用其他的細胞與轉移基因的染色體相結合。

DNA 只切斷必要的基因來進行重組

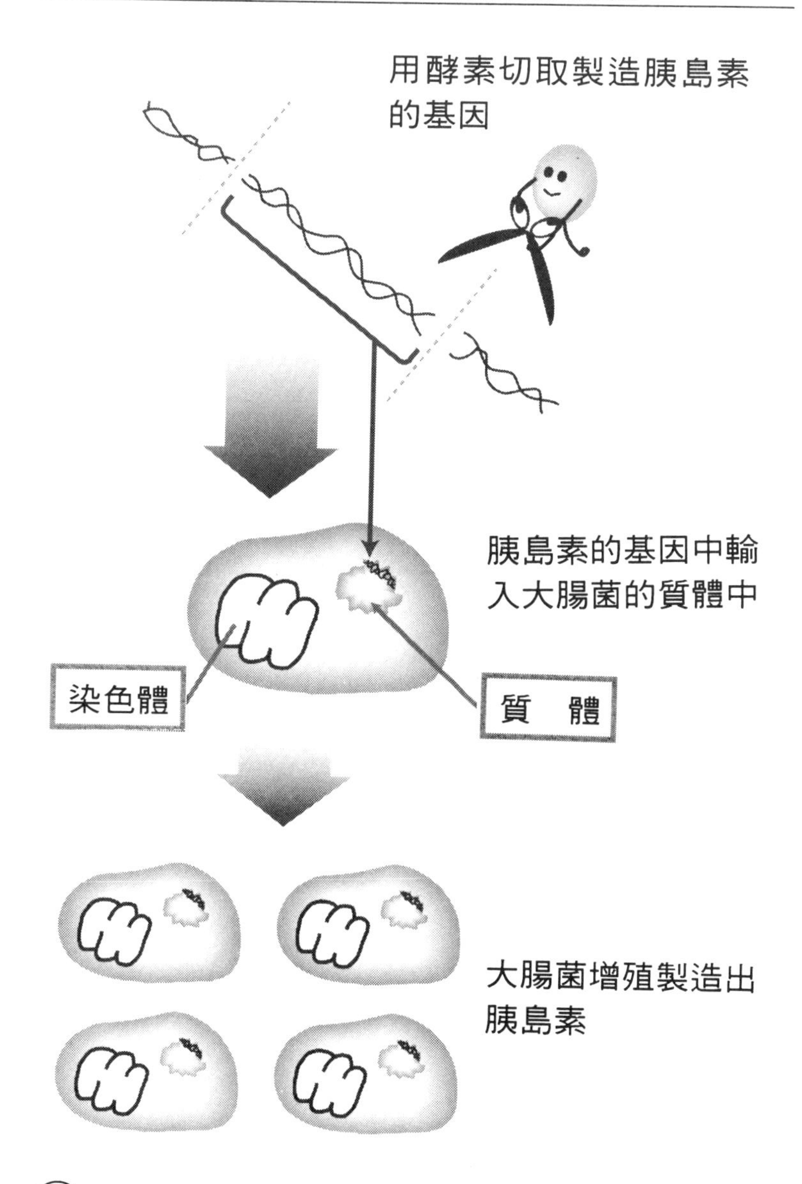

3 細胞融合與基因重組的不同點

我們所說的「生物科技」，事實上有各種不同的技術

◆「茄芋」的真相是什麼?

果實長在地面上的是番茄，長在地下的是洋芋。相信很多人都記得這個奇妙的植物茄芋吧！這是一九七八年，前西德開發出來的植物。雖然味道不錯，但是，因為在番茄果實中含有有害物質*龍葵鹼，因此並沒有實用化。

提到「基因重組」，很多人就會想到「茄芋」。但是「茄芋」是使用**細胞融合**這種技術。也就是和別種細胞合體，成為新植物的方法。換言之，就是將番茄和洋芋的基因直接融合在一起製造出來的。

另一方面，基因改造則是指植入一部分的基因。這就是兩者最大的差距。

◆在細胞融合方面，酵素也相當活躍

難道不同種的植物細胞，可以這麼輕易的合體嗎?

在細胞融合方面，酵素也相當活躍。首先將細胞塊變成一個個

＊龍葵鹼　原本存在於馬鈴薯的芽中，在料理之前可以切掉。

DNA 使二種細胞融合的細胞融合

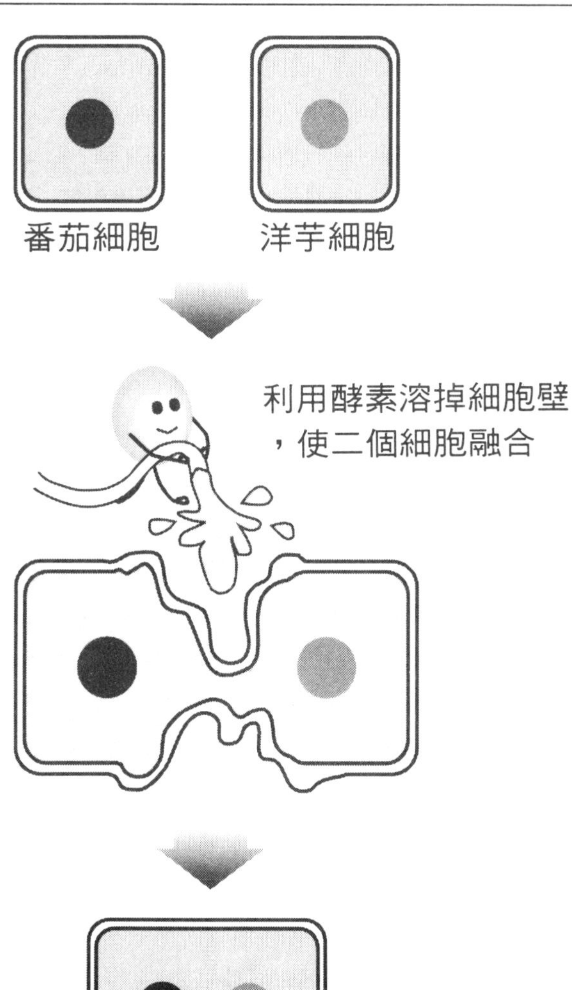

零散的細胞，然後使用果膠酶。而溶解細胞壁則需要纖維素酶。到這個地步，番茄的細胞和洋芋的細胞都沒有了細胞壁，變成赤裸的狀態。這時，再加入聚乙烯二醇藥品，就可以使兩個細胞融合。

然後只要給予必要的營養，等到成長之後再加入植物激素，就能夠形成葉和根。

現在利用這種細胞融合的技術製造出來的蔬菜，已經在市面上販賣。例如，高麗菜和小油菜合成的千寶菜等都是。

DNA 使用細胞融合技術的生物蔬菜

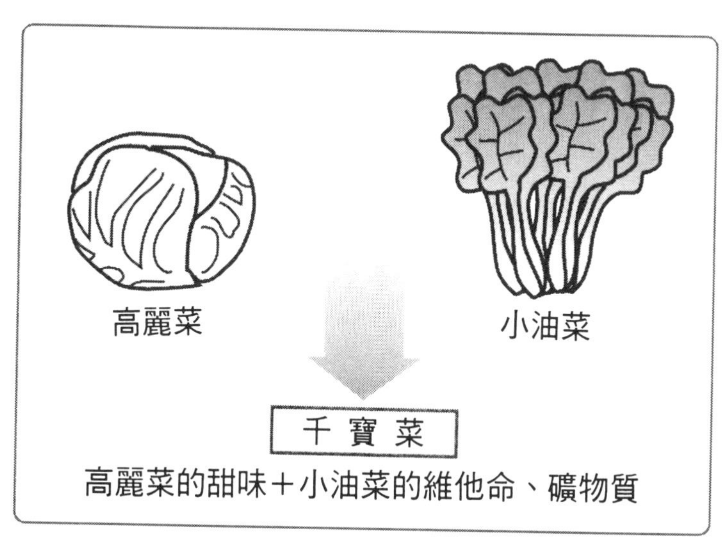

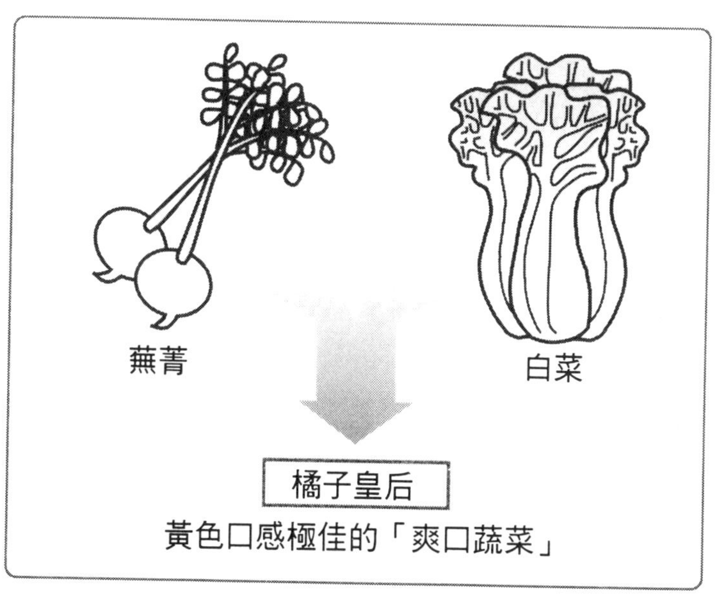

4 即使指紋消失，也可以靠DNA來鑑定

鑑定所使用的DNA技術

◆殘留在犯罪現場的頭髮也可以當成證據！

最近，在犯罪搜查方面利用**DNA鑑定**找出犯人的技術相當的進步。只要從留在現場的犯人的體液中提取DNA，與嫌疑犯的DNA對照就可以了。即使現場沒有留下指紋，但是只要殘留有體液或體毛，就能夠進行鑑定。

進行DNA鑑定，讓人覺得好像是要調查這個人整體的DNA似的。但是如前所述，人類的DNA是由三十億個鹼基配對所形成的。如果要一一解讀，則即使花好幾年也無法解決問題。像現在正在進行的「複製人計畫」，即使花上許多年，也無法完全解讀人類的全部基因。

◆DNA製造出來的條碼是重要關鍵

人類的DNA在幾處反覆出現同樣的鹼基排列，這些地方稱爲**迷你衛星**。反覆的次數因人而異，但是藉此卻可以特定出個人來。

首先，使用限制酵素從採取的DNA當中切取迷你衛星的部分。其次，利用PCR法（參照次頁）使切取的片斷增加。最後，將此

DNA DAN的條碼圖案可以用來進行鑑定

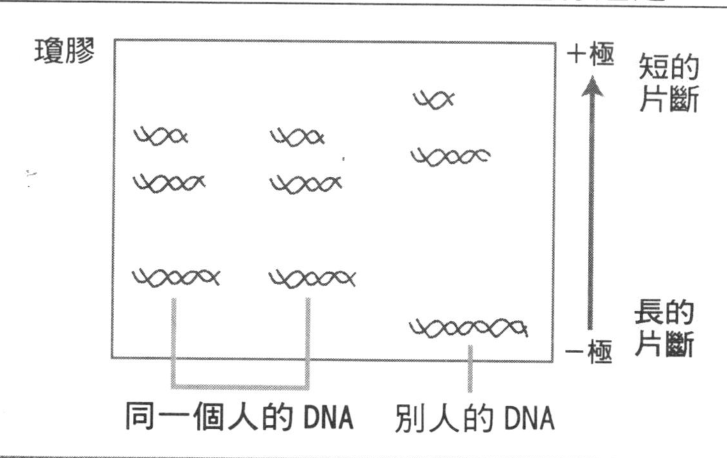

像這種方式，愈是短的DNA片斷，愈能以極快的速度朝正的電極移動，因此形成獨特的條碼圖案

DNA片斷置於瓊膠上，給予**電泳**。

將瓊膠通電之後，DNA帶有一（負）的電荷，因此會被吸引到＋（正）電極去。這時小的片斷移動得比較快，而大的片斷則在瓊膠表面的凹凸不平處拉扯，活動較慢。經過一段時間之後，小片斷和大片斷之間的距離愈來愈遠，於是就形成獨特的條碼圖案。比較這個條碼，就可以確定是否為本人。

5 DNA鑑定的武器・PCR法

複製無限DNA的「基因增幅」的魔術

◆一個DNA可以增加為數千萬個

過去鑑定DNA時，要在瓊膠上得到條碼圖案，必須收集一定程度的DNA。但是，現在的DNA鑑定，只要採取一個DNA就夠了。

因爲開發了＊**PCR法**技術，所以才辦得到這一點。由這個方法，只要一個DNA的片斷，就能夠增加幾百萬、幾千萬相同的片斷。

＊PCR法　也稱為基因增幅法。

◆利用DNA不耐熱的性格

PCR法，是利用DNA不耐熱的性質的方法。

首先，DNA溶液過熱時，二條鎖鏈就會散開來。然後降低溫度，再加入連結DNA鎖鏈的酵素（DNA聚合酶）以及DNA材料的溶液。而分成二條的DNA各自合成自己的片斷。於是最初只有一條DNA，後來就變成兩條。

如果放在那裡不管，二條就會變成四條，四條就會變成八條。DNA會不斷的增加，過了二、三個小時，就會增加爲數萬條的數目。

DNA 利用「PCR」法使DNA增幅

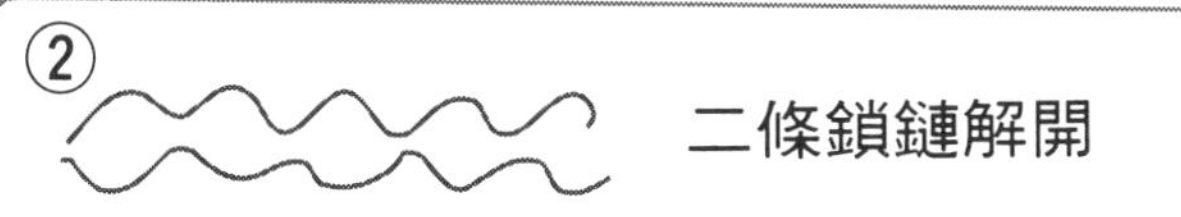

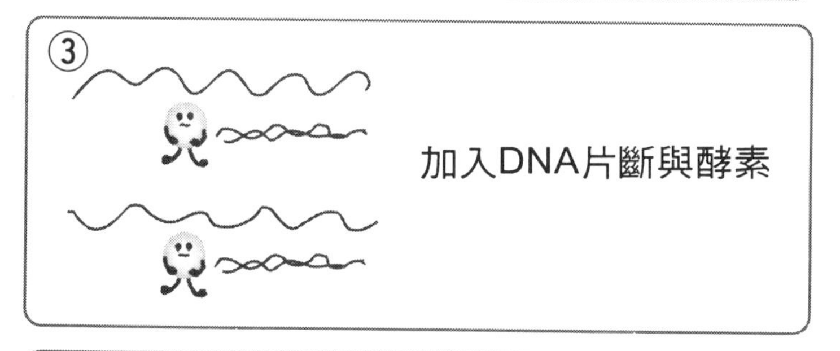

利用這個方法能夠使DNA增幅幾千、
幾萬倍，開發者得到了諾貝爾化學獎！

侏儸紀公園有可能實現嗎？

已經開始「長毛象復活計畫」！

◆電影中的世界會實現嗎？

史蒂芬史匹柏所製作的『侏儸紀公園』、『失落的世界』等電影在國內非常賣座。其原作是美國作家麥克・克來頓的同名小說。

在電影當中，從被封入琥珀中的蚊子所吸取的恐龍血液中吸取了DNA，不足之處則以青蛙的基因來補足，使得恐龍們再次誕生。

實際上，的確發現了封住昆蟲的琥珀，但是，其中含有恐龍血液的可能性相當的低。如果真的有這種血液，就真的能夠像電影一樣使恐龍誕生嗎？

DNA是很容易遭到破壞的物質。不耐熱、不耐紫外線，很容易就會斷裂或破壞。因此，就算能夠採取到恐龍的血液，可是要完美的取出牠的DNA卻是很困難的。即使有DNA，可能也只是一些細小的片斷，就算用青蛙的DNA來補足，恐怕也不夠。

當然，要使封閉在琥珀中的昆蟲本身的DNA或是昆蟲體內的微生物復原，也許能夠成功，而事實上目前也在進行這方面的計畫。

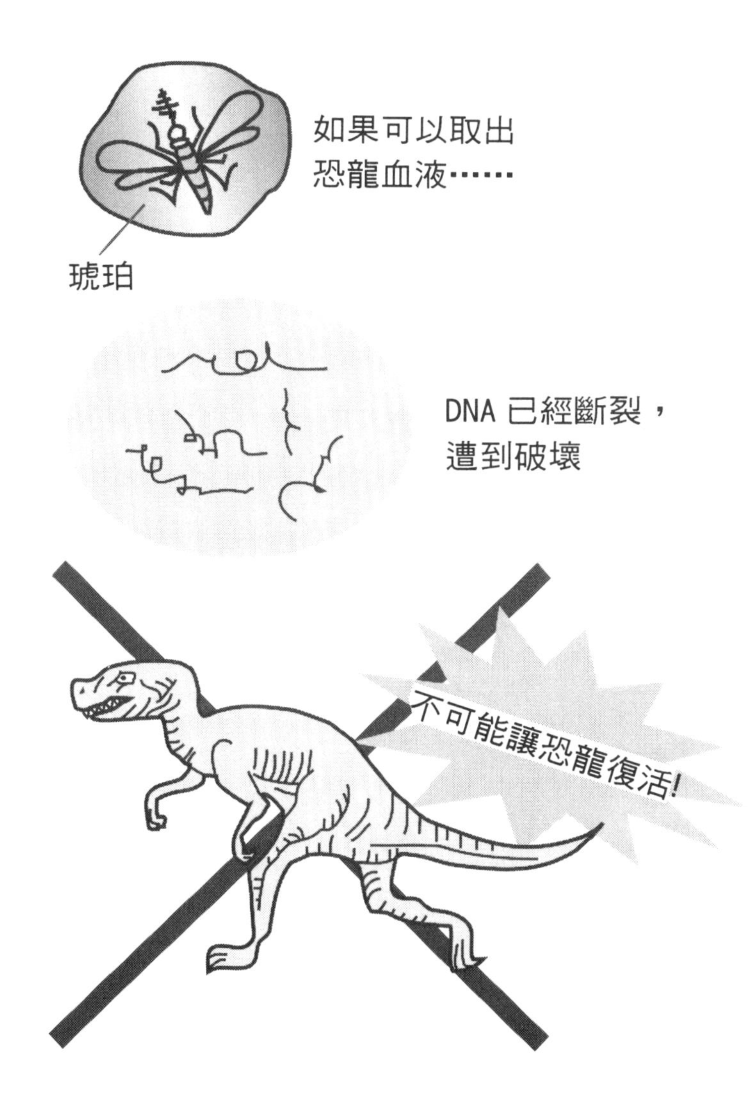
如果可以取出
恐龍血液……
琥珀
DNA 已經斷裂，
遭到破壞
不可能讓恐龍復活!

◆長毛象能夠在現代復活嗎？

其中一個有趣計畫就是「長毛象復活計畫」。這是找出封閉在西伯利亞凍土中的長毛象，使用其精子，想要使長毛象復活。

長毛象在距今一萬年前滅亡，是象的近親。如果用長毛象的精子讓母象受精，則生下「半象半長毛象」的可能性很高。如果讓這個半象半長毛象再接受長毛象的精子，就會變成四分之一的普通象。反覆這麼做，就有可能生下接近純正血統的長毛象。

但是，當然必須要先發現保存狀態非常好的公長毛象，並且要得到牠的精子……。

◆如果能夠保存DNA，是否就能夠避免絕種的危機呢？

現在打算進行保存地球上即將絕種的稀有動物DNA的計畫。

例如，想要保護日本紅鶴等的DNA，也許等到將來生物技術更發達時，就可以進行這種計畫了。

事實上，要利用DNA使紅鶴等鳥類復原，比哺乳類更困難，以現在的生物科技來說是不可能的。但是，如果能夠使DNA在最完善的狀態保存下來，那麼，比起讓長毛象復活的方式，將是更實際的做法。在中國似乎已經開始進行貓熊的＊**複製**計畫。

＊**複製**
↓參照次項

DNA 長毛象復活計畫

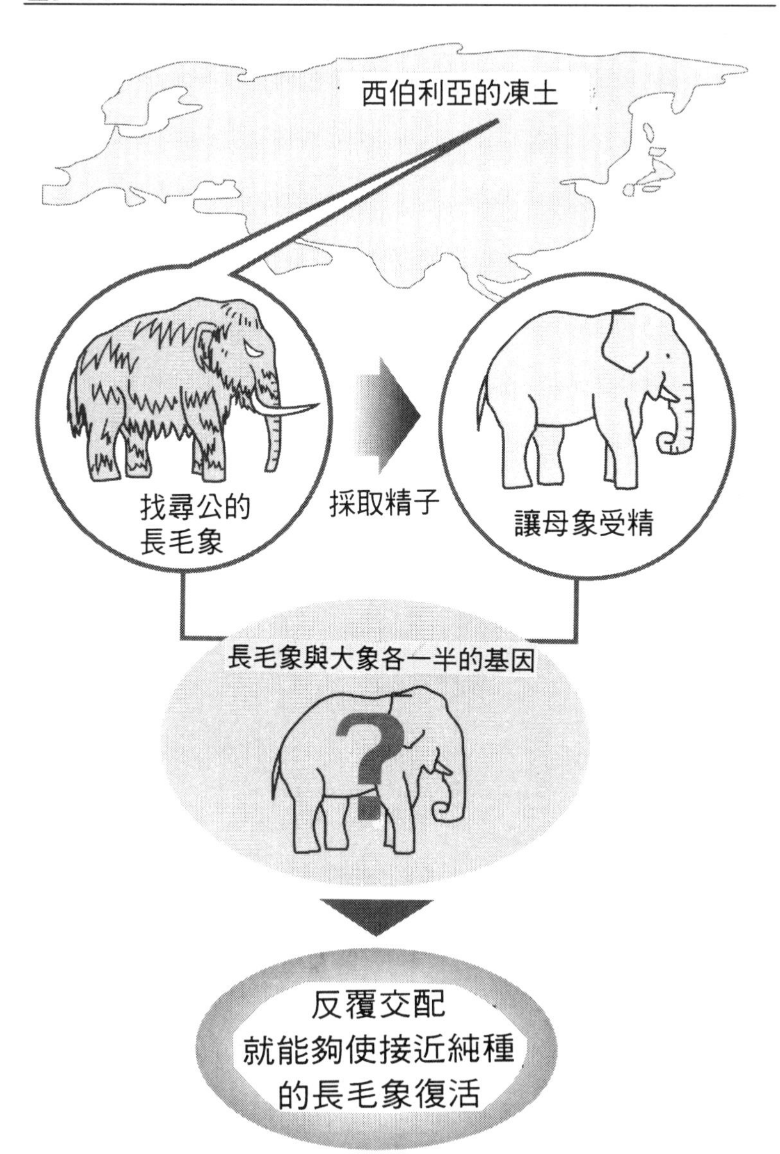

西伯利亞的凍土
找尋公的
長毛象
採取精子
讓母象受精
長毛象與大象各一半的基因
反覆交配
就能夠使接近純種
的長毛象復活

7 哈囉，桃莉！複製羊的衝擊

難道不久的將來可以複製人嗎？

◆同卵雙胞胎是複製人

如果世界上有一個和自己完全一模一樣的人存在，你會怎麼做呢？**複製**人是和你擁有完全相同基因的人，雖然很罕見，但是，同卵雙胞胎就是擁有相同基因的複製人。

但是，即使有同樣的基因，可是由於有環境等微妙的差異，所以如果真的以人工方式產生了複製人，也不可能連性格都完全一模一樣。也就是說，就算納粹餘黨能夠複製希特勒，也不可能再建立法西斯王國。

不過，在九七年二月發表了**複製羊**誕生的消息，很多人立刻出現了「複製希特勒」的反應。

◆即使沒有公羊，也能夠生孩子！

發表的內容指出，生出複製羊的方法如下。

首先是從一隻雌羊的乳腺中取出細胞，在低營養狀態下培養此細胞，然後再取出另一隻母羊的卵細胞，去除核。去除核的卵細胞

DNA 複製人也是完全不同的「另一個人」

複製希特勒
（可能會成為畫家哦）

複製人，如果沒有同樣的環境（包括歷史在內）或相同的體驗，則絕對不可能成為同一個人

與乳腺細胞融合。細胞進行數次分裂之後，讓它著床在代理孕母的母羊的子宮內。生下來的羊則是最初取出乳腺的羊的複製品。

也就是說，這隻羊是由乳腺細胞複製出來的複製羊。借用因爲巨乳而著名的鄉村歌手桃莉・巴頓的名字，命名爲「桃莉」。

◆複製人的實驗目前仍被禁止……

事實上，複製動物在以前就已經成功。而且實用化。

例如，培養牛的受精卵細胞，增加數目，然後再使其著床在代理孕母的牛的體內。利用這個方法，陸續誕生出黑毛的日本牛。

但是，複製羊桃莉的實驗最厲害之處，就是完全不用到公羊就能夠生孩子。此外，不是使用像受精卵等具有*＊**全能性**的細胞，而是利用分化相當進步的乳腺細胞（體細胞）來進行複製。這在歷史上是首次成功，技術上相當困難。

所以，這個新型的複製實驗的成功，帶給世人相當大的衝擊。

桃莉誕生的消息震驚世界，柯林頓總統頒布總統令，聲明關於在人類方面應用複製技術，今後政府將完全不負研究費用。

但是，桃莉的實驗不能夠算是完全成功。最初的乳腺細胞的DNA，其死亡回數票的＊**末端小粒**可能會縮短。

＊全能性
↓參照五十五頁

＊末端小粒
↓參照六十六頁

DNA 製造體細胞的桃莉的實驗

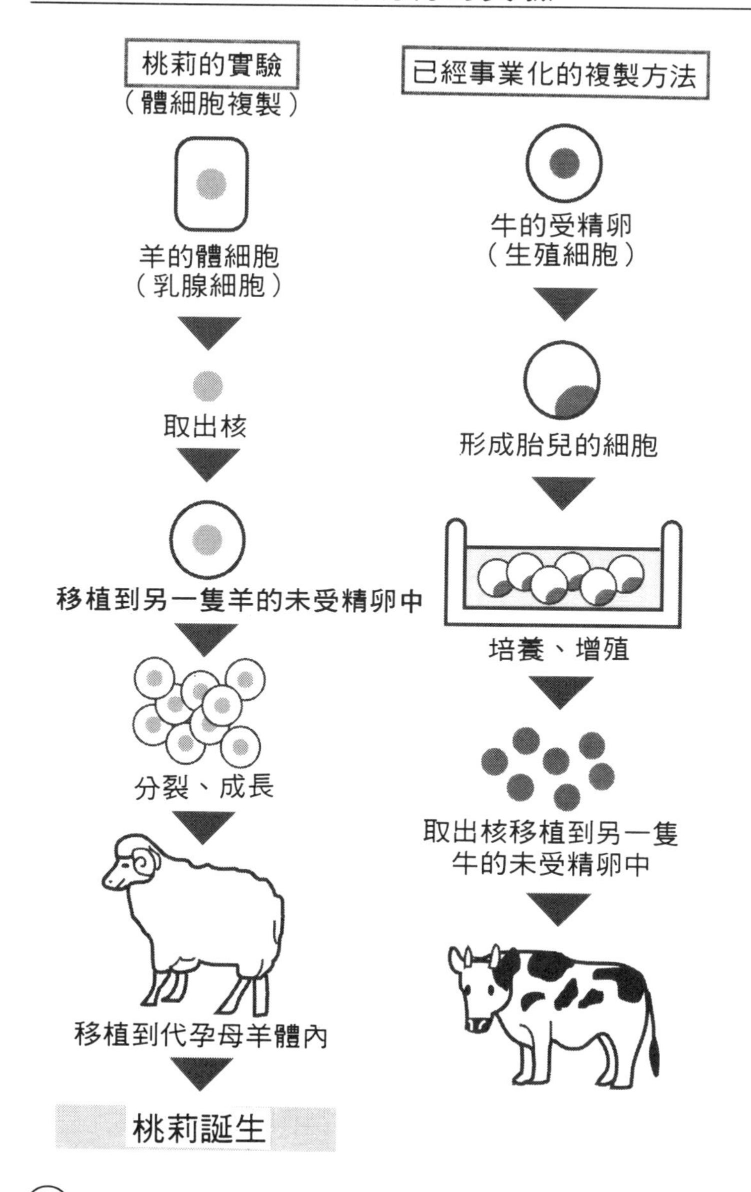

8 「基因治療」任重而道遠

要對全體細胞的基因進行治療是不可能的

◆各種遺傳病

由於基因異常而引起的疾病，稱爲**遺傳病**。例如，鐮刀細胞症、尿症、苯酮尿症、慢性進行性遺傳舞蹈症等都是。關於這些疾病，目前尚未發現有效的治療方法。

但是像苯酮尿症，只要藉著正確的食物療法，就能夠遏止病害。苯酮是苯丙氨酸所產生的化學物質。苯丙氨酸太多時，酵素發揮作用，會使其變成酪氨酸。而如果沒有這個酵素，就會變成苯酮。苯酮對於腦會造成嚴重的障礙。

如果在出生後就立刻察覺到這種疾病，而減少給予苯酮的奶粉，那麼，就能夠減少對於腦的傷害。

◆淋巴球中植入正常的基因

既然遺傳病是基因異常造成的，那麼只要修復基因，應該就能夠治好。這就是最近開始的**基因治療**。但是，要實現基因治療這個夢想，目前還有很多困難之處。

DNA 苯酮尿症可藉食物療法發揮效果

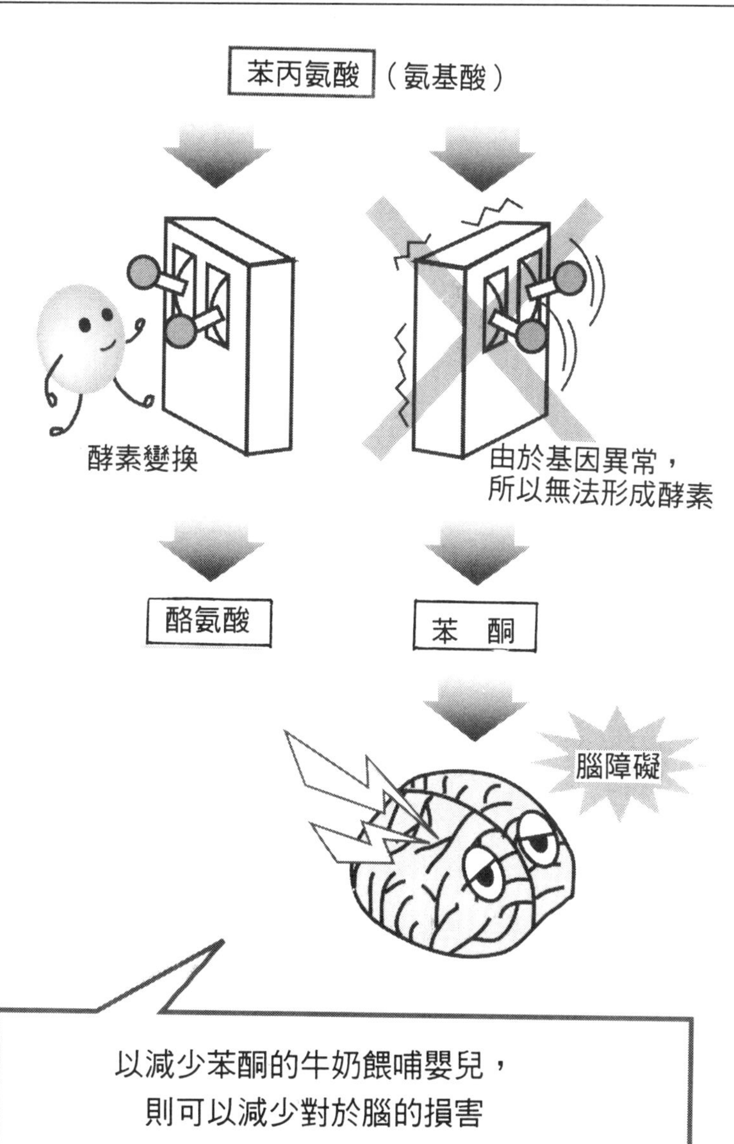

最初正式的基因治療是在九〇年進行的。治療對象是因爲缺乏腺苷脫氨酶酵素（ＡＤＡ）而失去免疫能力的病患。

採用的方法是，首先抽取患者的血液，取出淋巴球，植入製造ＡＤＡ的基因，然後再將其放回患者的體內。

但是，使用這個方法能夠治療的遺傳病畢竟有限。

◆生殖細胞的基因是不能玩弄的！

目前「基因治療」的效果只限於一代，不能夠防止對於子孫的遺傳。就現在的基因治療技術而言，操作生殖細胞的基因還是很危險的事情，目前只能夠進行體細胞基因操作。

但是，要對數目龐大的體細胞一一植入正常基因是不可能的。像先前的ＡＤＡ治療，是將淋巴球植入正常基因再放回體內，但是體內還是存在著原本就異常的淋巴球。

這時要採用**酵素補充法**，也就是要一併進行直接定期注射製造正常基因的酵素（ＡＤＡ）的治療。因爲基因治療的效果和酵素補充的效果一起出現，所以，基因治療到底能夠產生多大的成果，目前不得而知。

DNA 能夠進行基因治療的遺傳病很少！

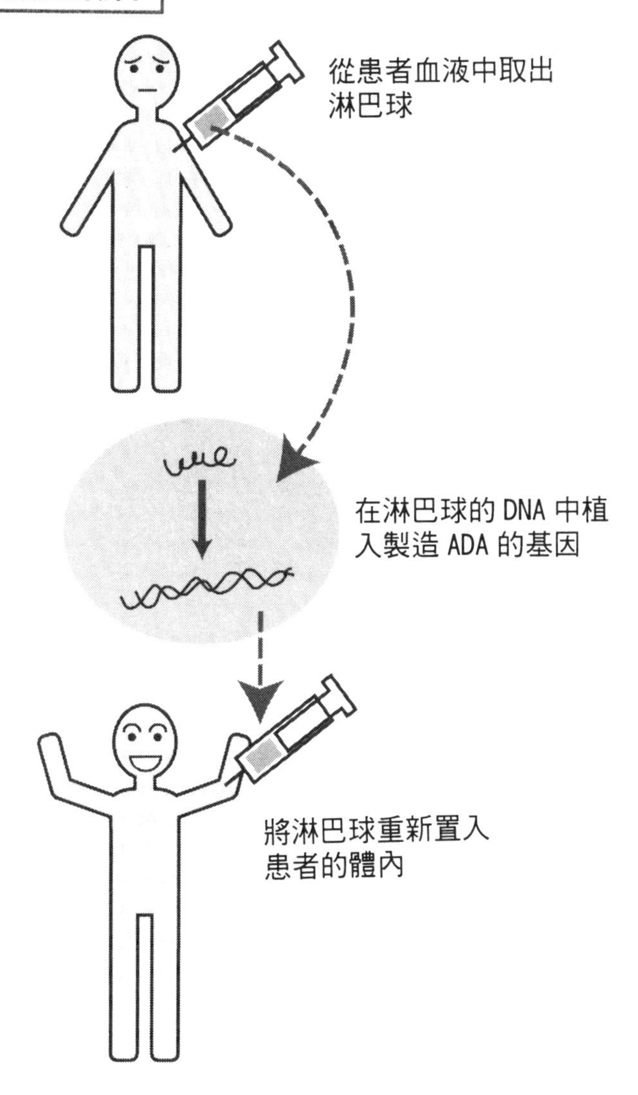

9 基因治療可以治好癌症嗎？

目前基因治療還在各種錯誤嘗試的狀態中

◆目前還無法明確了解癌化的構造！

癌症也是基因的疾病。雖然不像遺傳病一樣很清楚的具有遺傳因素，但是，的確是因爲基因故障造成的。

美國繼前項ADA之後，也對於黑素瘤這種皮膚癌進行基因治療。但是，這並不是將癌化細胞的異常基因直接更換爲正常的基因，而是採用提高免疫力的基因治療。

此外，還有將一種＊**制癌基因**溶入基因運送者中進行注射，對於癌進行各種基因治療的嘗試，不過，目前尚未出現決定性的效果。

首先是因爲癌基因與制癌基因有很多種類（總計超過一百種）。這些基因會經過一些複雜的相互作用而使癌發病。

關於其構造，依癌症的種類的不同而有所不同，所以目前無法完全了解。

人類可能還要花一段時間，才可以克服癌症。

＊**制癌基因**

抑制癌化的基因。一旦發生毛病時，反而會促進癌化。目前已經發現很多制癌基因，像著名的「P53」等。

DNA 目前癌症的基因治療還不完善

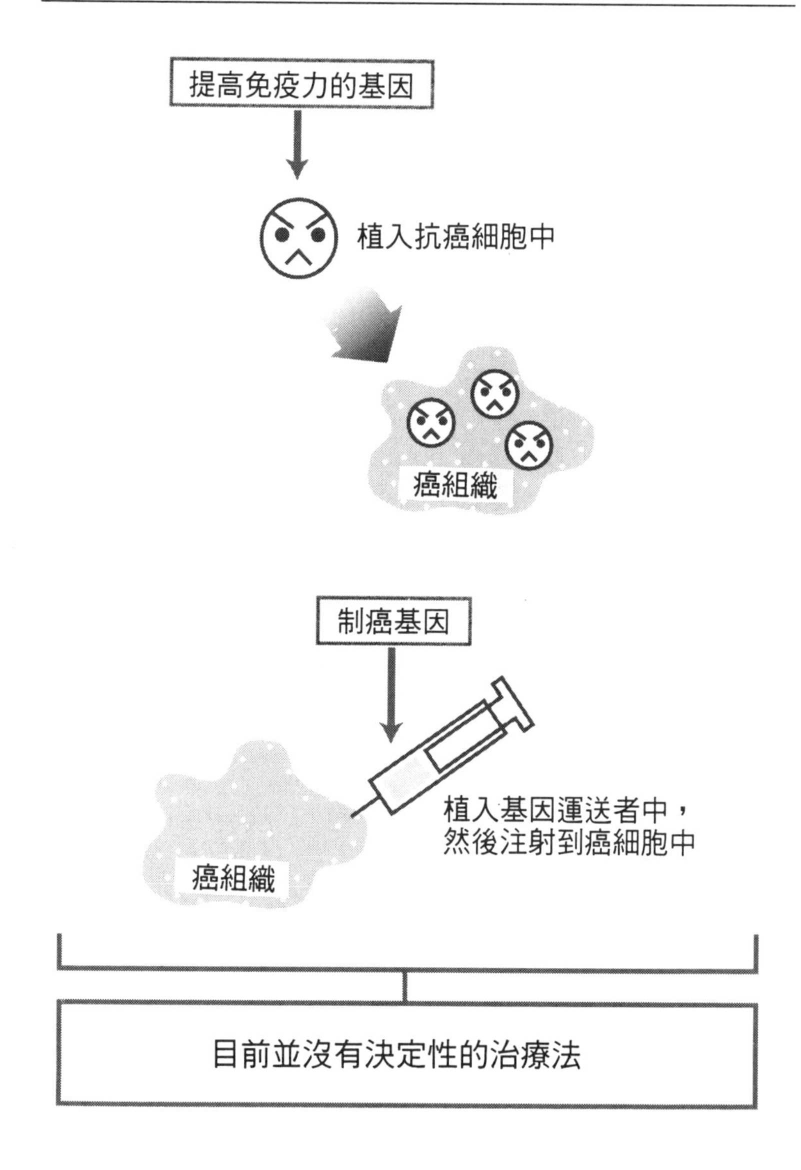

10 比較愛滋病毒與人類的智慧

疫苗與基因治療都無法戰勝愛滋病毒嗎？

◆淋巴球的共同戰線

愛滋病（後天免疫缺乏症候群）是由HIV（人免疫不全病毒）這種*逆行病毒所引起的，簡稱為**愛滋病毒**。

通常當病毒這些「外來者」侵入時，我們的身體會拚命的加以排除。這就是稱為*免疫系統的防衛系統。如果免疫無法發揮作用，則一生都必須待在無菌室中生活。

但是，愛滋病毒會破壞這個免疫系統。

免疫系統的主角是***淋巴球**。而侵入體內的「外來者」稱為**抗原**，淋巴球發現抗原，就會製造出擊潰抗原的***抗體**。如圖所示，這是由三種淋巴球分擔責任。免疫系統就是這些淋巴球的共同戰線。

當體內有抗原侵入時，首先由**輔助T細胞**記錄抗原的資料，然後將此資料傳給**B細胞**，製造出專用的抗體。

◆愛滋病毒攻擊免疫系統的司令塔

愛滋病毒，會對於堪稱人類免疫系統司令塔的輔助T細胞造成

＊逆行病毒
↓參照七十八頁

＊淋巴球
↓參照八十二頁

＊抗體
抗體與抗原就好像「鑰匙」與「鑰匙孔」的關係。抗體各自只能對一種抗原發揮效果。也就是說，傷寒桿菌專用的抗體，對於其他細菌或病毒都無能為力。

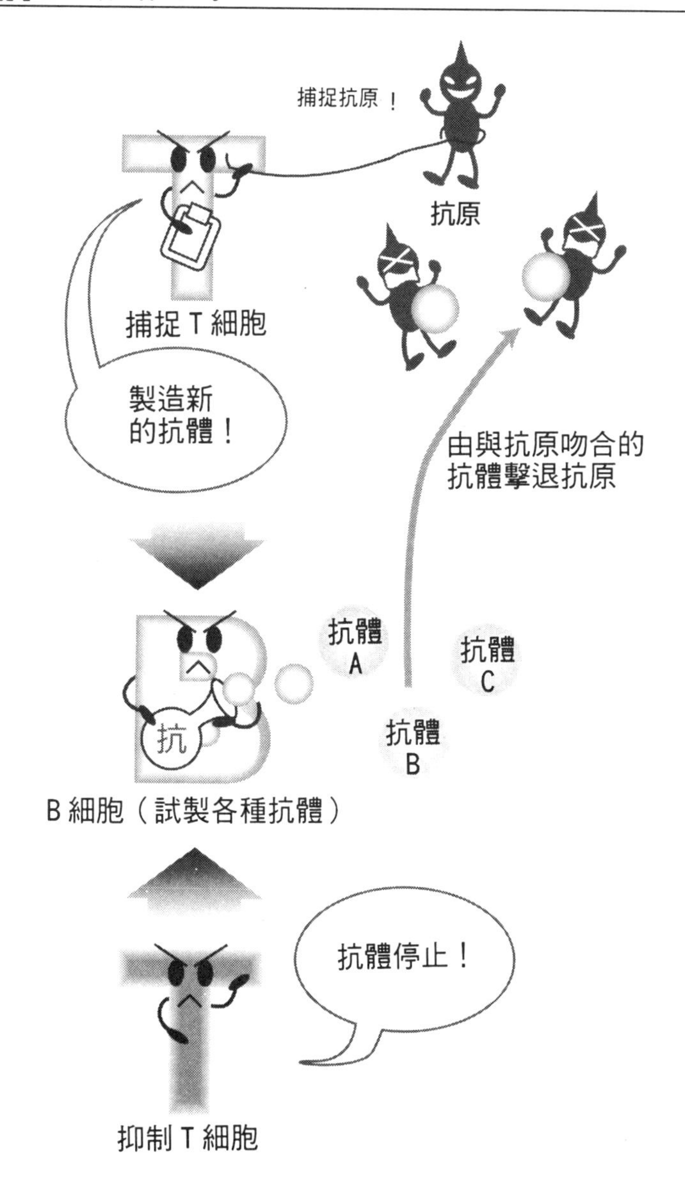
捕捉抗原！
抗原
捕捉T細胞
製造新的抗體！
由與抗原吻合的抗體擊退抗原
抗
抗體 A
抗體 C
抗體 B
B細胞（試製各種抗體）
抗體停止！
抑制T細胞

感染。侵入輔助T細胞的愛滋病毒和其他逆行病毒同樣的，會由RNA合成DNA，進入輔助T細胞的DNA當中。這種狀態稱爲「潛伏期」，大約有半年到將近十年的時間。潛伏期結束之後，愛滋病毒開始增殖，陸續突破輔助T細胞，飛到體內。

輔助T細胞被破壞之後，免疫能力慢慢的減弱，使得各種細菌和病毒侵入體內，置人於死地。也就是說，「愛滋」不是一種疾病，而是免疫系統的功能減弱，因而罹患各種感染症的症候群。

◆消滅愛滋病毒的「疫苗」、「基因治療」、「藥物」

能夠完全預防愛滋病，當然是很好的事情。但是和流行性感冒病毒同樣的，由於愛滋病毒經由突變的「進化」非常快，因此即使出現*疫苗，也可能無法應付出現的新型愛滋病毒。

那麼，基因治療又如何呢？例如，進入輔助T細胞DNA內的愛滋病毒的DNA，會製造出輔助T細胞所需要的蛋白質而增殖。這時如果植入與此蛋白質有關的缺陷基因，就可以進行基因治療。

目前最有希望的，就是使用三種藥物的**三劑雞尾酒療法**。爲了避免製造出愛滋病毒增殖所需的蛋白質材料，已經開發出採用「蛋白酶抑制劑」以及阻斷***逆複製酵素**作用的「逆複製酵素抑制劑」二種形態。現在期待能夠開發出抑制愛滋病毒與T細胞結合的藥劑。

***疫苗**（預防接種）

像「麻疹」等疾病，一旦罹患之後就不會再罹患。這是因為免疫系統記錄下抗原資料，當該種抗原再度侵入時，就立刻製造出抗體來加以應付。我們經常說的「形成免疫」，指的就是這點。此外，將微量抗原製成疫苗，接種到體內，就可以事先形成免疫作用，預防傳染病。

***逆複製酵素**

↓參照七十八頁

DNA 愛滋病毒會攻擊免疫細胞的輔助T細胞

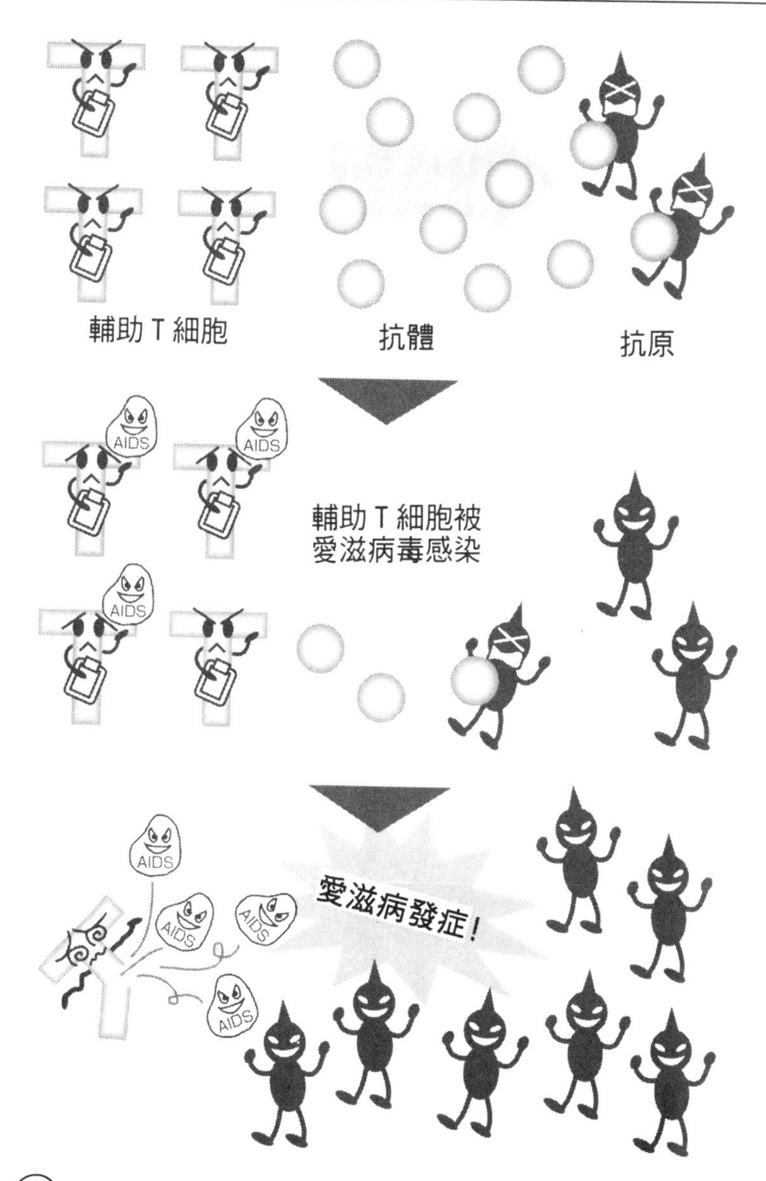

11 經由「基因診斷」無法投保壽險嗎？

大課題的遺傳資料、生物技術的使用方法

◆與「不想知道的權利」有關的遺傳病的宣告

現在已經陸續發現各種遺傳病的原因。像慢性進行性遺傳舞蹈症等一部分的遺傳病，到底是不是遺傳病的帶原者，或是將來會不會出現遺傳病，則只要經由**基因診斷**，在胎兒期就可以知道。

前面說過，遺傳病很難治療。雖然可以進行基因診斷，但是如果發現是很難治療的基因異常症狀，則是否要讓本人知道罹患了該疾病，也是一大問題。

在美國，當事人對於診斷結果可以行使「不想知道的權利」。像這樣的情況，目前仍在議論當中。關於「到底要以什麼樣的形態告知，或是不告知比較好」等問題，目前還未有定論。

至於民間企業的基因診斷，目前已經開始實行。

◆最後的隱私權「遺傳資料」很危險！

網路等通信技術發達，現在企業客戶資料的洩露已經成爲嚴重的問題。但是，最令人害怕的是，堪稱最後隱私權的遺傳資料。例

父母為遺傳病患者或帶原者

基因診斷

孩子是否會發病，
在胎兒期就可以知道

如果真是如此……

發現很難
治療的遺傳病

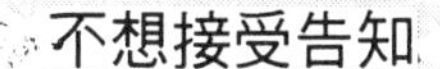

如要得到ＤＮＡ，根本不需要去向別人購買或裝竊聽器等，只要一根頭髮，就可以解讀ＤＮＡ的時代已經到來了。

希望得到個人遺傳資料的是壽險公司及雇主企業。雖然不見得會直接造成經營危機，但是，可以發現遺傳病的可能性是不容忽略的一點。在不久的將來，也許人們會想要了解結婚對象等親人的基因診斷結果。

但是，經由基因診斷的結果，就會產生是否能夠投保壽險或就職等受到**基因差別**待遇的大問題。在美國已經出現拒絕投保或解雇的例子。此外，關於這些遺傳資料隱私權的保護應該如何進行，恐怕也是應該由國家來檢討的問題了。

◆企業也開始注意生命倫理！

生物科技先進國家美國，國家和企業都對**生命倫理**極表關心，哲學、宗教、法律等各方面的人都會討論關於生命操作的問題。此外，聯合國教育科學文化組織也展開了簽定國際條約的行動。

在這一方面，我們必須了解，雖然基因工學給予我們恩惠，但是我們卻要付出一些代價。不光是遺傳病，對於基因也應該尋求正常的知識才對。

DNA 遺傳資料是最後的隱私權

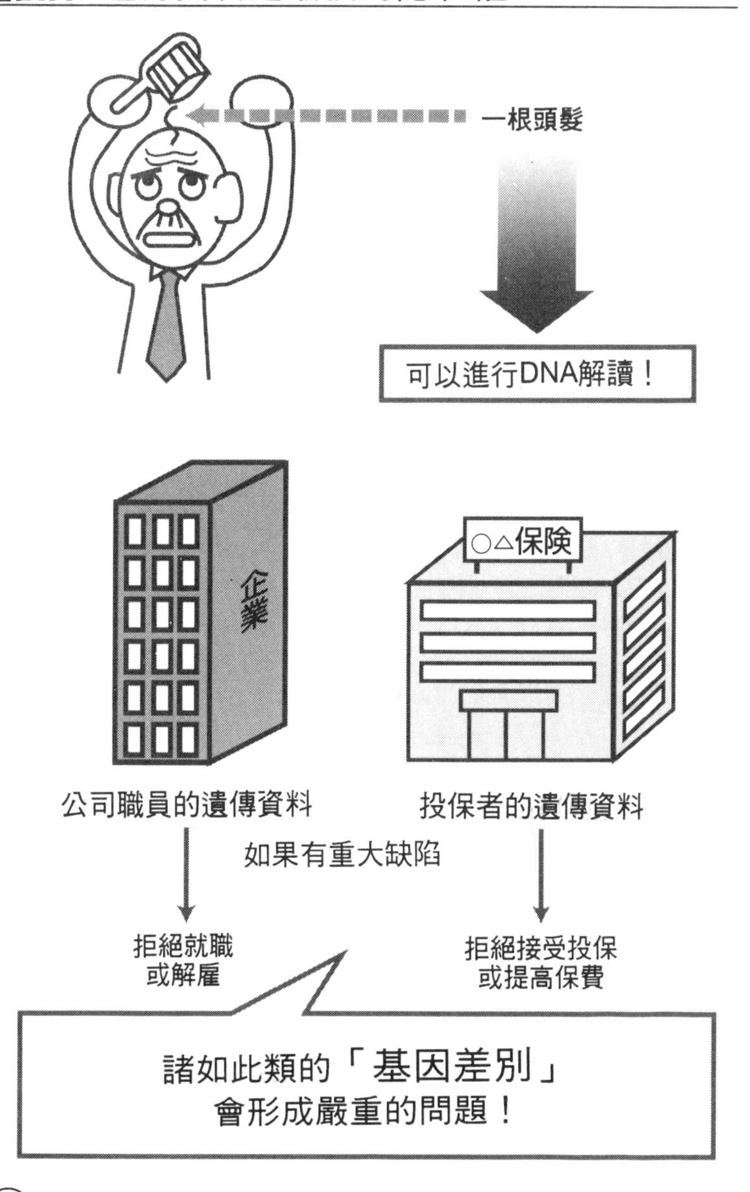

〔附錄年表〕進化論、遺傳學、生物科技的發展

一八〇九　在『動物哲學』中提出用不用說（拉馬爾克）
一八五九　在『物種起源』中提出自然淘汰說（達爾文）
一八六五　發表『遺傳的法則』（孟德爾）
一八七一　發現DNA
一九〇〇　孟德爾法則再發現
一九〇一　突變的發現（德・布里斯）
　　　　　ABO血型的發現
一九二〇　開始進行「集體遺傳學」的研究
一九三二　發明電子顯微鏡
一九四九　「分棲理論」（今西錦司）
一九五三　解析DNA的構造（瓦特森&克里克）
一九五八　DNA的半保存的複製的證明
一九六二　複製青蛙實驗成功
一九六四　「血緣選擇說」（漢米頓）
一九六七　「細胞內共生說」（瑪爾克里斯）
　　　　　利用分子時鐘計算出人類和猴子的分道揚鑣年代
一九六八　結束遺傳密碼解讀

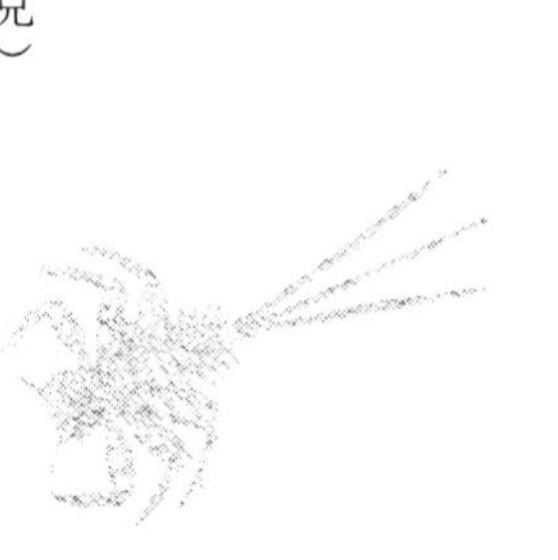

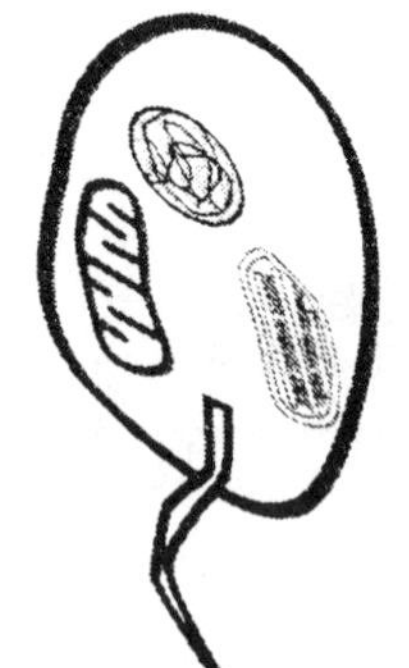

一九七〇　「中立進化說」（木村資生）
「基因重複說」（大野乾）
一九七一　發現逆複製酵素、逆行病毒
「病毒進化說」（中原英臣&佐川峻）
一九七二　「斷續平衡進化說」（艾爾德里奇&格爾德）
發現細胞自殺
一九七六　『自私的基因』（德金斯）
一九七八　利用基因重組合成人類胰島素
開發茄芋
利用人的人工受精成功生產
一九八二　基因重組技術工業化
開發超級老鼠
一九八三　想出PCR（基因增殖）法
一九八五　開發DNA鑑定法
一九八七　發表「線粒體夏娃說」
一九八九　創立複製人解析機構
一九九〇　正式的基因治療第一號（美國）
一九九六　解禁基因改造食品的進口（日本）
一九九七　體細胞複製羊的實驗成功

【參考圖書】

『あなたのなかのＤＮＡ』　ハヤカワ文庫／中村桂子
『遺伝子組み換え食品の恐怖』　河出書房新社／渡辺雄二
『遺伝子・大疑問』　宝島社
『遺伝子で診断する』　ＰＨＰ新書／中村祐輔
『遺伝子についての50の基礎知識』　講談社ブルーバックス／川上正也
『遺伝子のしくみと不思議』　日本文芸社／横山裕道
『遺伝子は46億年の夢を見る』　双葉社／フジテレビ　アインシュタインＴＶ2
『絵でわかる遺伝子とＤＮＡ』　日本実業出版社／石浦章一
『大いなる仮説』　羊土社／大野乾
『科学10大理論』　学研
『からだの設計図』　岩波新書／岡田節人
『偶然と必然』　みすず書房／Ｊ・モノー
『ゲノム・人間の設計図をよむ』　講談社／ロバート・シャピロ
『最新起源論』　学研
『最新大進化論』　学研
『細胞から生命が見える』　岩波新書／柳田充弘
『自己創出する生命』　哲学書房／中村桂子
『種の起源』　岩波文庫／ダーウィン
『進化にワクワクする本』　朝日新聞社

『進化論が変わる』　講談社ブルーバックス／中原英臣・佐川峻
『「人類の起源」大論争』　講談社選書メチエ／瀬戸口烈司
『生物学個人教授』　新潮社／南伸坊・岡田節人
『生命進化の鍵はウイルスが握っていた』　河出書房新社／中原英臣・佐川峻
『生物進化を考える』　岩波新書／木村資生
『生命の意味論』　新潮社／多田富雄
『生命のしくみ』　日本実業出版／石浦章一
『生命 40億年はるかな旅1 海からの創世』　NHK出版
『卵が私になるまで』　講談社／柳沢桂子
『DNAかく語りき』　PHP研究所／中原英臣・小川康治・佐川峻
『DNAで何がわかるか』　講談社ブルーバックス／栗山孝夫
『DNAの陰謀』　太陽企画出版／中原英臣・佐川峻
『動物哲学』　岩波文庫／ラマルク
『バイオテクノロジー』　講談社ブルーバックス／村上和雄
『ヒトの遺伝』　岩波新書／中込弥男
『ヒト遺伝子のしくみ』　日本実業出版／生田哲
『ヒトはどこまで進化するのか』　祥伝社／金子隆一
『分子進化学への招待』　講談社ブルーバックス／宮田隆
『分子生物学の基礎』　東京化学同人／川喜多正夫
『マンモスが現代によみがえる』　河出書房新社／後藤和文
『利己的遺伝子とは何か』　講談社ブルーバックス／中原英臣・佐川峻
『利己的な遺伝子』　紀伊國屋書店／R・ドーキンス

總　索　引

【ABC】

【中文以筆畫序排列】

【主編介紹】

中原英臣

◉——一九四五年出生於日本東京。畢業於慈惠醫大，其後專攻細菌學、衛生學，為醫學博士。一九七七年起於美國聖路易斯・華盛頓大學從事二年生物研究。曾任山梨醫科大學副教授，現任山野美容藝術短期大學教授。為紐約科學院會員。

◉——主要著作包括『進化論改變了』、『自私的基因』、『病毒進化論』、『DNA 的陰謀』、『環境荷爾蒙污染』等。

【作者介紹】

久我勝利

◉——一九五五年出生於日本神奈川縣。從專科大學畢業之後，曾任出版社編輯，後來成為業餘作家。收集產業動向、尖端科技、科學等各方面的資料，從事執筆活動。主要著作包括『各業界「調職情況」之書』、『預估十年後日本經濟之書』等。

大展出版社有限公司
品冠文化出版社

圖書目錄

地址：台北市北投區(石牌)
致遠一路二段 12 巷 1 號
電話：(02) 28236031
28236033
28233123
郵撥：01669551<大展>
19346241<品冠>
傳真：(02) 28272069

・熱門新知・品冠編號 67

1. 圖解基因與 DNA （精） 中原英臣主編 230 元
2. 圖解人體的神奇 （精） 米山公啟主編 230 元
3. 圖解腦與心的構造 （精） 永田和哉主編 230 元
4. 圖解科學的神奇 （精） 鳥海光弘主編 230 元
5. 圖解數學的神奇 （精） 柳 谷 晃著 250 元
6. 圖解基因操作 （精） 海老原充主編 230 元
7. 圖解後基因組 （精） 才園哲人著 230 元
8. 圖解再生醫療的構造與未來 才園哲人著 230 元
9. 圖解保護身體的免疫構造 才園哲人著 230 元
10. 90 分鐘了解尖端技術的結構 志村幸雄著 280 元

・名人選輯・品冠編號 671

1. 佛洛伊德 傅陽主編 200 元
2. 莎士比亞 傅陽主編 200 元
3. 蘇格拉底 傅陽主編 200 元
4. 盧梭 傅陽主編 200 元

・圍棋輕鬆學・品冠編號 68

1. 圍棋六日通 李曉佳編著 160 元
2. 布局的對策 吳玉林等編著 250 元
3. 定石的運用 吳玉林等編著 280 元
4. 死活的要點 吳玉林等編著 250 元

・象棋輕鬆學・品冠編號 69

1. 象棋開局精要 方長勤審校 280 元
2. 象棋中局薈萃 言穆江著 280 元

・生活廣場・品冠編號 61

1. 366 天誕生星 李芳黛譯 280 元

2.	366天誕生花與誕生石	李芳黛譯	280元
3.	科學命相	淺野八郎著	220元
4.	已知的他界科學	陳蒼杰譯	220元
5.	開拓未來的他界科學	陳蒼杰譯	220元
6.	世紀末變態心理犯罪檔案	沈永嘉譯	240元
7.	366天開運年鑑	林廷宇編著	230元
8.	色彩學與你	野村順一著	230元
9.	科學手相	淺野八郎著	230元
10.	你也能成為戀愛高手	柯富陽編著	220元
11.	血型與十二星座	許淑瑛編著	230元
12.	動物測驗—人性現形	淺野八郎著	200元
13.	愛情、幸福完全自測	淺野八郎著	200元
14.	輕鬆攻佔女性	趙奕世編著	230元
15.	解讀命運密碼	郭宗德著	200元
16.	由客家了解亞洲	高木桂藏著	220元

・女醫師系列・品冠編號 62

1.	子宮內膜症	國府田清子著	200元
2.	子宮肌瘤	黑島淳子著	200元
3.	上班女性的壓力症候群	池下育子著	200元
4.	漏尿、尿失禁	中田真木著	200元
5.	高齡生產	大鷹美子著	200元
6.	子宮癌	上坊敏子著	200元
7.	避孕	早乙女智子著	200元
8.	不孕症	中村春根著	200元
9.	生理痛與生理不順	堀口雅子著	200元
10.	更年期	野末悅子著	200元

・傳統民俗療法・品冠編號 63

1.	神奇刀療法	潘文雄著	200元
2.	神奇拍打療法	安在峰著	200元
3.	神奇拔罐療法	安在峰著	200元
4.	神奇艾灸療法	安在峰著	200元
5.	神奇貼敷療法	安在峰著	200元
6.	神奇薰洗療法	安在峰著	200元
7.	神奇耳穴療法	安在峰著	200元
8.	神奇指針療法	安在峰著	200元
9.	神奇藥酒療法	安在峰著	200元
10.	神奇藥茶療法	安在峰著	200元
11.	神奇推拿療法	張貴荷著	200元
12.	神奇止痛療法	漆 浩 著	200元
13.	神奇天然藥食物療法	李琳編著	200元

14. 神奇新穴療法　吳德華編著　200 元
15. 神奇小針刀療法　韋丹主編　200 元

・常見病藥膳調養叢書・品冠編號 631

1. 脂肪肝四季飲食　蕭守貴著　200 元
2. 高血壓四季飲食　秦玖剛著　200 元
3. 慢性腎炎四季飲食　魏從強著　200 元
4. 高脂血症四季飲食　薛輝著　200 元
5. 慢性胃炎四季飲食　馬秉祥著　200 元
6. 糖尿病四季飲食　王耀獻著　200 元
7. 癌症四季飲食　李忠著　200 元
8. 痛風四季飲食　魯焰主編　200 元
9. 肝炎四季飲食　王虹等著　200 元
10. 肥胖症四季飲食　李偉等著　200 元
11. 膽囊炎、膽石症四季飲食　謝春娥著　200 元

・彩色圖解保健・品冠編號 64

1. 瘦身　主婦之友社　300 元
2. 腰痛　主婦之友社　300 元
3. 肩膀痠痛　主婦之友社　300 元
4. 腰、膝、腳的疼痛　主婦之友社　300 元
5. 壓力、精神疲勞　主婦之友社　300 元
6. 眼睛疲勞、視力減退　主婦之友社　300 元

・休閒保健叢書・品冠編號 641

1. 瘦身保健按摩術　聞慶漢主編　200 元
2. 顏面美容保健按摩術　聞慶漢主編　200 元
3. 足部保健按摩術　聞慶漢主編　200 元
4. 養生保健按摩術　聞慶漢主編　280 元

・心 想 事 成・品冠編號 65

1. 魔法愛情點心　結城莫拉著　120 元
2. 可愛手工飾品　結城莫拉著　120 元
3. 可愛打扮 & 髮型　結城莫拉著　120 元
4. 撲克牌算命　結城莫拉著　120 元

・少 年 偵 探・品冠編號 66

1. 怪盜二十面相　（精）　江戶川亂步著　特價 189 元
2. 少年偵探團　（精）　江戶川亂步著　特價 189 元

3. 妖怪博士 （精） 江戶川亂步著 特價 189 元
4. 大金塊 （精） 江戶川亂步著 特價 230 元
5. 青銅魔人 （精） 江戶川亂步著 特價 230 元
6. 地底魔術王 （精） 江戶川亂步著 特價 230 元
7. 透明怪人 （精） 江戶川亂步著 特價 230 元
8. 怪人四十面相 （精） 江戶川亂步著 特價 230 元
9. 宇宙怪人 （精） 江戶川亂步著 特價 230 元
10. 恐怖的鐵塔王國 （精） 江戶川亂步著 特價 230 元
11. 灰色巨人 （精） 江戶川亂步著 特價 230 元
12. 海底魔術師 （精） 江戶川亂步著 特價 230 元
13. 黃金豹 （精） 江戶川亂步著 特價 230 元
14. 魔法博士 （精） 江戶川亂步著 特價 230 元
15. 馬戲怪人 （精） 江戶川亂步著 特價 230 元
16. 魔人銅鑼 （精） 江戶川亂步著 特價 230 元
17. 魔法人偶 （精） 江戶川亂步著 特價 230 元
18. 奇面城的秘密 （精） 江戶川亂步著 特價 230 元
19. 夜光人 （精） 江戶川亂步著 特價 230 元
20. 塔上的魔術師 （精） 江戶川亂步著 特價 230 元
21. 鐵人Q （精） 江戶川亂步著 特價 230 元
22. 假面恐怖王 （精） 江戶川亂步著 特價 230 元
23. 電人M （精） 江戶川亂步著 特價 230 元
24. 二十面相的詛咒 （精） 江戶川亂步著 特價 230 元
25. 飛天二十面相 （精） 江戶川亂步著 特價 230 元
26. 黃金怪獸 （精） 江戶川亂步著 特價 230 元

・武 術 特 輯・大展編號 10

1. 陳式太極拳入門 馮志強編著 180 元
2. 武式太極拳 郝少如編著 200 元
3. 中國跆拳道實戰 100 例 岳維傳著 220 元
4. 教門長拳 蕭京凌編著 150 元
5. 跆拳道 蕭京凌編譯 180 元
6. 正傳合氣道 程曉鈴譯 200 元
7. 實用雙節棍 吳志勇編著 200 元
8. 格鬥空手道 鄭旭旭編著 200 元
9. 實用跆拳道 陳國榮編著 200 元
10. 武術初學指南 李文英、解守德編著 250 元
11. 泰國拳 陳國榮著 180 元
12. 中國式摔跤 黃 斌編著 180 元
13. 太極劍入門 李德印編著 180 元
14. 太極拳運動 運動司編 250 元
15. 太極拳譜 清・王宗岳等著 280 元
16. 散手初學 冷 峰編著 200 元
17. 南拳 朱瑞琪編著 180 元

18. 吳式太極劍	王培生著	200 元
19. 太極拳健身與技擊	王培生著	250 元
20. 秘傳武當八卦掌	狄兆龍著	250 元
21. 太極拳論譚	沈 壽著	250 元
22. 陳式太極拳技擊法	馬 虹著	250 元
23. 二十四式/三十二式太極拳/劍	闞桂香著	180 元
24. 楊式秘傳 129 式太極長拳	張楚全著	280 元
25. 楊式太極拳架詳解	林炳堯著	280 元
26. 華佗五禽劍	劉時榮著	180 元
27. 太極拳基礎講座：基本功與簡化 24 式	李德印著	250 元
28. 武式太極拳精華	薛乃印著	200 元
29. 陳式太極拳拳理闡微	馬 虹著	350 元
30. 陳式太極拳體用全書	馬 虹著	400 元
31. 張三豐太極拳	陳占奎著	200 元
32. 中國太極推手	張 山主編	300 元
33. 48 式太極拳入門	門惠豐編著	220 元
34. 太極拳奇人奇功	嚴翰秀編著	250 元
35. 心意門秘籍	李新民編著	220 元
36. 三才門乾坤戊己功	王培生編著	220 元
37. 武式太極劍精華＋VCD	薛乃印編著	350 元
38. 楊式太極拳	傅鐘文演述	200 元
39. 陳式太極拳、劍 36 式	闞桂香編著	250 元
40. 正宗武式太極拳	薛乃印著	220 元
41. 杜元化＜太極拳正宗＞考析	王海洲等著	300 元
42. ＜珍貴版＞陳式太極拳	沈家楨著	280 元
43. 24 式太極拳＋VCD	中國國家體育總局著	350 元
44. 太極推手絕技	安在峰編著	250 元
45. 孫祿堂武學錄	孫祿堂著	300 元
46. ＜珍貴本＞陳式太極拳精選	馮志強著	280 元
47. 武當趙堡太極拳小架	鄭悟清傳授	250 元
48. 太極拳習練知識問答	邱丕相主編	220 元
49. 八法拳 八法槍	武世俊著	220 元
50. 地趟拳＋VCD	張憲政著	350 元
51. 四十八式太極拳＋DVD	楊 靜演示	400 元
52. 三十二式太極劍＋VCD	楊 靜演示	300 元
53. 隨曲就伸 中國太極拳名家對話錄	余功保著	300 元
54. 陳式太極拳五功八法十三勢	闞桂香著	200 元
55. 六合螳螂拳	劉敬儒等著	280 元
56. 古本新探華佗五禽戲	劉時榮編著	180 元
57. 陳式太極拳養生功＋VCD	陳正雷著	350 元
58. 中國循經太極拳二十四式教程	李兆生著	300 元
59. ＜珍貴本＞太極拳研究	唐豪・顧留馨著	250 元
60. 武當三豐太極拳	劉嗣傳著	300 元
61. 楊式太極拳體用圖解	崔仲三編著	400 元

62. 太極十三刀	張耀忠編著	230 元
63. 和式太極拳譜＋VCD	和有祿編著	450 元
64. 太極內功養生術	關永年著	300 元
65. 養生太極推手	黃康輝編著	280 元
66. 太極推手祕傳	安在峰編著	300 元
67. 楊少侯太極拳用架真詮	李璉編著	280 元
68. 細說陰陽相濟的太極拳	林冠澄著	350 元
69. 太極內功解祕	祝大彤編著	280 元
70. 簡易太極拳健身功	王建華著	180 元
71. 楊氏太極拳真傳	趙斌等著	380 元
72. 李子鳴傳梁式直趟八卦六十四散手掌	張全亮編著	200 元
73. 炮捶 陳式太極拳第二路	顧留馨著	330 元
74. 太極推手技擊傳真	王鳳鳴編著	300 元
75. 傳統五十八式太極劍	張楚全編著	200 元
76. 新編太極拳對練	曾乃梁編著	280 元
77. 意拳拳學	王薌齋創始	280 元
78. 心意拳練功竅要	馬琳璋著	300 元
79. 形意拳搏擊的理與法	買正虎編著	300 元
80. 拳道功法學	李玉柱編著	300 元
81. 精編陳式太極拳拳劍刀	武世俊編著	300 元
82. 現代散打	梁亞東編著	200 元
83. 形意拳械精解（上）	邸國勇編著	480 元
84. 形意拳械精解（下）	邸國勇編著	480 元
85. 楊式太極拳詮釋【理論篇】	王志遠編著	200 元
86. 楊式太極拳詮釋【練習篇】	王志遠編著	280 元
87. 中國當代太極拳精論集	余功保主編	500 元
88. 八極拳運動全書	安在峰編著	480 元
89. 陳氏太極長拳 108 式＋VCD	王振華著	350 元

・彩色圖解太極武術・大展編號 102

1. 太極功夫扇	李德印編著	220 元
2. 武當太極劍	李德印編著	220 元
3. 楊式太極劍	李德印編著	220 元
4. 楊式太極刀	王志遠著	220 元
5. 二十四式太極拳(楊式)＋VCD	李德印編著	350 元
6. 三十二式太極劍(楊式)＋VCD	李德印編著	350 元
7. 四十二式太極劍＋VCD	李德印編著	350 元
8. 四十二式太極拳＋VCD	李德印編著	350 元
9. 16 式太極拳 18 式太極劍＋VCD	崔仲三著	350 元
10. 楊氏 28 式太極拳＋VCD	趙幼斌著	350 元
11. 楊式太極拳 40 式＋VCD	宗維潔編著	350 元
12. 陳式太極拳 56 式＋VCD	黃康輝等著	350 元
13. 吳式太極拳 45 式＋VCD	宗維潔編著	350 元

國家圖書館出版品預行編目資料

圖解基因與 DNA／中原英臣主編，久我勝利著，劉小惠譯
－初版－臺北市：品冠，2002〔民 91〕
面；21 公分－（熱門新知；1）
譯自：そこが知りたい！遺伝子と DNA
ISBN 978-957-468-154-9（平裝）
1. 基因 2. DNA
363.019　91010492

SOKO GA SHIRITAI IDENSHI TO DNA

Originally published in Japan in 1998 by KANKI PUBLISHING INC.
Chinese translation rights arranged through TOHAN CORPORATION, TOKYO.,
And Keio Cultural Enterprise Co., Ltd.
版權仲介／京王文化事業有限公司

圖解基因與 DNA

ISBN 978-957-468-154-9

主編者／中原英臣
著者／久我勝利
譯者／劉小惠
發行人／蔡孟甫
出版者／品冠文化出版社
社址／台北市北投區（石牌）致遠一路 2 段 12 巷 1 號
電話／（02）28233123・28236031・28236033
傳真／（02）28272069
郵政劃撥／19346241
網址／www.dah-jaan.com.tw
E－mail／service@dah-jaan.com.tw
登記證／北市建一字第 227242
承印者／傳興印刷有限公司
裝訂／建鑫裝訂有限公司
排版者／千兵企業有限公司
初版 1 刷／2002 年（民 91 年）8 月
初版 3 刷／2008 年（民 97 年）4 月

定價／230 元